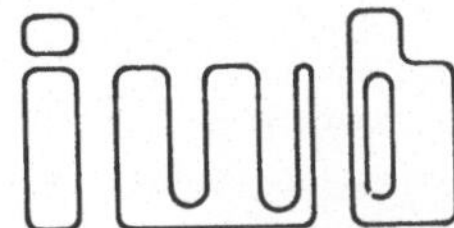

Forschungsberichte · Band 66

**Berichte aus dem
Institut für Werkzeugmaschinen
und Betriebswissenschaften
der Technischen Universität München**

Herausgeber: Prof. Dr.-Ing. J. Milberg

Günter Kummetsteiner

3D-Bewegungssimulation als integratives Hilfsmittel zur Planung manueller Montagesysteme

Mit 62 Abbildungen

Springer-Verlag Berlin Heidelberg GmbH

Dipl.-Ing. Günter Kummetsteiner
Institut für Werkzeugmaschinen und Betriebswissenschaften (iwb), München

Dr.-Ing. J. Milberg
o. Professor an der Technischen Universität München
Institut für Werkzeugmaschinen und Betriebswissenschaften (iwb), München

D 91

ISBN 978-3-540-57535-1   ISBN 978-3-662-05546-5 (eBook)
DOI 10.1007/978-3-662-05546-5

Gesamtherstellung: Hieronymus Buchreproduktions GmbH, München.
62/3020-543210

Geleitwort des Herausgebers

Die Verbesserung der Fertigungsmaschinen, der Fertigungsverfahren und der Fertigungsorganisation im Hinblick auf die Steigerung der Produktivität und die Verringerung der Fertigungskosten ist eine ständige Aufgabe der Produktionstechnik. Die Situation in der Produktionstechnik ist durch abnehmende Fertigungslosgrößen und zunehmende Personalkosten sowie durch eine unzureichende Nutzung der Produktionsanlagen geprägt. Neben den Forderungen nach einer Verbesserung von Mengenleistung und Arbeitsgenauigkeit gewinnt die Steigerung der Flexibilität von Fertigungsmaschinen und Fertigungsabläufen immer mehr an Bedeutung. In zunehmendem Maße werden Programme, Einrichtungen und Anlagen für rechnergestützte und flexibel automatisierte Produktionsabläufe entwickelt.

Ziel der Forschungsarbeiten am Institut für Werkzeugmaschinen und Betriebswissenschaften der Technischen Universität München (iwb) ist die weitere Verbesserung der Fertigungsmittel und Fertigungsverfahren im Hinblick auf eine Optimierung der Arbeitsgenauigkeit und Mengenleistung der Fertigungssysteme. Dabei stehen Fragen der anforderungsgerechten Maschinenauslegung sowie der optimalen Prozeßführung im Vordergrund. Ein weiterer Schwerpunkt ist die Entwicklung fortgeschrittener Produktionsstrukturen und die Erarbeitung von Konzepten für die Automatisierung des Auftragsdurchlaufs. Das Ziel ist eine Integration der technischen Auftragsabwicklung von der Konstruktion bis zur Montage.

Die im Rahmen dieser Buchreihe erscheinenden Bände stammen thematisch aus den Forschungsbereichen des iwb: Fertigungsverfahren, Werkzeugmaschinen, Fertigungs- und Montageautomatisierung, Betriebsplanung sowie Steuerungstechnik und Informationsverarbeitung. In ihnen werden neue Ergebnisse und Erkenntnisse aus der praxisnahen Forschung des iwb veröffentlicht. Diese Buchreihe soll dazu beitragen, den Wissenstransfer zwischen dem Hochschulbereich und dem Anwender in der Praxis zu verbessern.

Joachim Milberg

Vorwort

Die vorliegende Dissertation entstand während meiner Tätigkeit als Mitarbeiter am Institut für Produktionstechnik GmbH (ifp).

Besonders danken möchte ich Herrn Professor Dr.-Ing. J. Milberg, dem Leiter des Lehrstuhls für Werkzeugmaschinen und Betriebswissenschaften (iwb) an der Technischen Universität München sowie des oben genannten Instituts, für seine wohlwollende Unterstützung und großzügige Förderung, die entscheidend zur erfolgreichen Durchführung dieser Arbeit beigetragen hat.

Herrn Professor Dr. rer. nat. H. Bubb, dem Inhaber des Lehrstuhls für Ergonomie der Technischen Universität München, danke ich für die Übernahme des Korreferats und die kritische Durchsicht der Arbeit.

Des weiteren danke ich Herrn Professor Dr.-Ing. G. Duelen, dem Gründungsdekan der Fakultät Maschinenbau, Elektrotechnik und Wirtschaftsingenieurwesen der TU Cottbus, für das meiner Arbeit entgegengebrachte Interesse und die Übernahme des zweiten Korreferats.

Mein Dank gilt ebenfalls Herrn Professor Dr.-Ing. Christoph Maier und Herrn Dr.-Ing. Stefan Linner, den Geschäftsführern des Instituts für Produktionstechnik, die mir die Bearbeitung der vorliegenden Dissertation ermöglichten.

Schließlich möchte ich mich bei allen Mitarbeiterinnen und Mitarbeitern des ifp und iwb sowie allen Studenten, die mich bei der Erstellung der Arbeit unterstützt haben, recht herzlich bedanken - insbesondere bei Herrn Dipl.-Inform. Guido Kiener und Herrn Dipl.-Ing. (FH) Carsten Stuka.

München, im Dezember 1993   *Günter Kummetsteiner*

Inhaltsverzeichnis

Verzeichnis wichtiger Formelzeichen und Abkürzungen

Formelzeichen:

A, B, C	Transformationsmatrizen
$D_{i,i+1}$	Gelenkübergangsmatrix
F	Getriebefreiheitsgrad
G_i	Gelenk der Kinematik
H	Transformationsmatrix
I	Inertialsystem
K, M	Transformationsmatrizen
R	Transformationsmatrix (Rotation)
S_i	kartesisches Zwischensystem
$\mathbf{S}_i$	Transformation des Systems S_i relativ zum Inertialsystem
$^B\mathbf{S}_i$	Transformation des Systems S_i relativ zu einem beliebigen Bezugssystem B
T	Transformationsmatrix (Translation)
W	Zielmatrix der Rücktransformation
X_{i+1}, Z_i	Transformationsmatrizen
d_i	Gelenkvariable
f	Freiheitsgrad
h_i, l_i	Strecken (Denavit-Hartenberg-Parameter)
x_i, y_i, z_i	Achsvektoren des Systems S_i
Ω	Winkelbereich
Φ	Funktion
α_i, δ_i	Drehwinkel (Denavit-Hartenberg-Parameter)
ρ	Ellbogenrotationswinkel

Abkürzungen:

CAD	Computer Aided Design
CAP	Computer Aided Planning
COSIMAN	Computer Aided Simulation of Manual Assembly
EDV	Elektronische Datenverarbeitung
MTM	Methods-Time Measurement
PC	Personal Computer
PPS	Produktions-Planung und -Steuerung
3D	dreidimensional

1 Einleitung und Zielsetzung

1.1 Wandel der Wettbewerbsbedingungen für Produktionsunternehmen

"Der Kunde ist König" - dieser Satz gewinnt in Zeiten eines von Sättigungserscheinungen geprägten Marktes auch für Produktionsunternehmen immer mehr an Bedeutung. Nur in den seltensten Fällen lassen sich die Kundenwünsche noch durch rein mengenmäßiges Wachstum erfüllen. Vielmehr ist die Forderung nach immer mehr, möglichst individuellen Varianten zu berücksichtigen [MILB 92]. Zudem muß der Schnellebigkeit des Käuferverhaltens Beachtung geschenkt werden. Diese äußert sich vor allem in sinkenden Produktlebenszeiten [SPUR 91] und zusätzlich in zumeist unerwartet auftretenden Modetrends [PISC 91].

Dies führt dazu, daß die Unternehmen in der Lage sein müssen, in kürzester Zeit auf die Bedürfnisse des Kunden reagieren und neue Produkte auf den Markt bringen zu können (Bild 1-1).

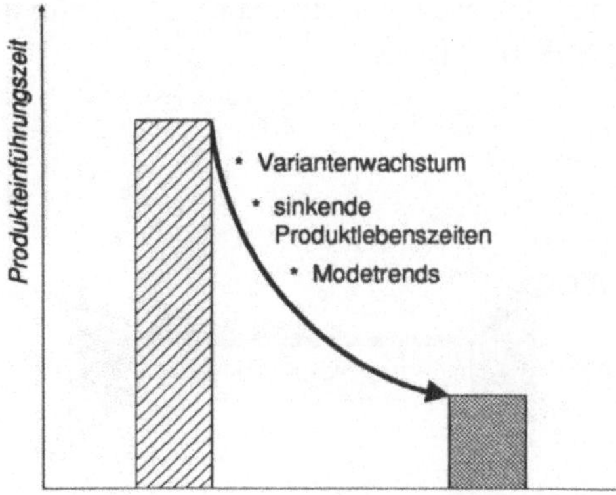

Bild 1-1:   Die Erfordernis eines schnellen Markteintritts als Folge verschiedener Ursachen

1.2   Die Produktionsplanung als Engpaß bei der Produkteinführung

Diese Forderung nach einer Straffung der zeitlichen Abläufe betrifft dabei alle Unternehmensbereiche von der Produktentwicklung über die Produktionsplanung bis hin zur Produktion. Durch die technischen Fortschritte in den vor- und nachgelagerten Bereichen wurde in den vergangenen Jahren jedoch besonders die Produktionsplanung zu einem Engpaß in dieser Abfolge [HEIO 88] (Bild 1-2).

Während für die Erledigung der Aufgaben in den Bereichen Konstruktion und Produktionssteuerung bereits leistungsfähige, zumeist rechnergestützte Hilfsmittel zur Verfügung stehen (z.B. CAD- und Werkstattsteuerungs-Systeme), erfolgt die Produktionsplanung entweder noch rein manuell oder mit Hilfe verschiedener heterogener EDV-Werkzeuge. Die Bedeutung des damit verbundenen zeitlichen Aufwands wird noch dadurch verstärkt, daß in den meisten Unternehmen die angesprochenen Bereiche - und hier ist speziell der Abfolge Konstruktion/Produktionsplanung Beachtung zu schenken - streng sequentiell aufeinanderfolgen [HEIE 91, KOEP 91, RICH 92].

Durch den Mangel an leistungsfähigen Hilfsmitteln bedingt die geforderte Zeitreduzierung somit besonders im Bereich der Produktionsplanung einen erheblichen Zeitdruck für die Planer.

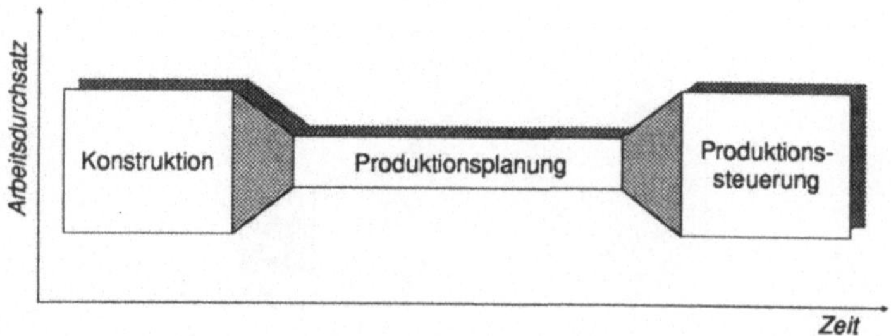

Bild 1-2:   *Qualitative Darstellung des Engpasses Produktionsplanung*

1.3 Der Faktor Zeit in der Planung manueller Montagesysteme

Die einzusparende Zeit wird von den entsprechenden Abteilungen zumeist in unterschiedlichem Umfang auf die verschiedenen Planungsaufgaben verteilt. Nicht zuletzt aufgrund der gegenüber automatisierten Fertigungs- oder Montageeinrichtungen geringeren Investitionskosten wird dabei häufig primär versucht, die für die Planung manueller Montagesysteme erforderliche Zeit zu reduzieren.

Erzielt wird diese Einsparung jedoch in der Regel nicht durch Optimierung der Planungsabläufe, sondern dadurch, daß die entsprechenden Arbeitssysteme eben schneller und so mit weniger Sorgfalt geplant werden. Die Beschränkung auf die Erstellung nur einer Lösungsvariante und die Vernachlässigung wichtiger Kriterien (wie z. B. eine weg- und somit zeitoptimierte Anordnung der Arbeitsplatzkomponenten oder ergonomische Aspekte) sind die Folge (Bild 1-3). Ebenso wird dadurch oft ein unzureichender Detaillierungsgrad (z.B. bei der Ermittlung von Ausführzeiten) bzw. eine mangelhafte Ausführung der Dokumentationsunterlagen (z.B. Montageplan) bedingt.

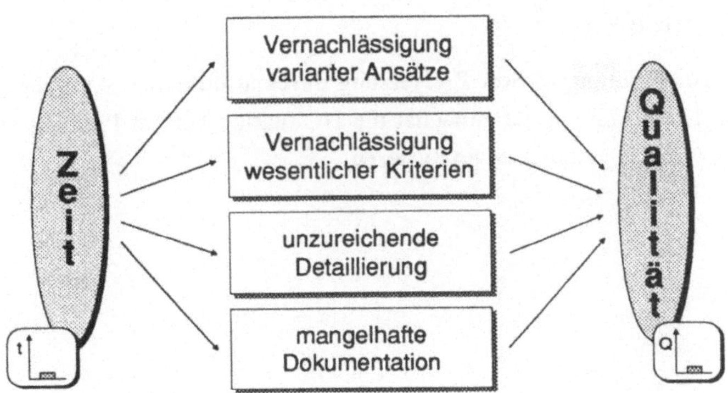

Bild 1-3: *Mangelhafte Planungsqualität als Folge der reduzierten Planungszeit*

In der Summe entstehen durch diese Vorgehensweise qualitativ mangelhafte Planungsergebnisse, was u.a. wiederum dazu führt, daß indirekt - nämlich in der eigentlichen Montage - trotzdem Zeit verschwendet wird. Darüber hinaus treten an derart geplanten Arbeitsplätzen für die Werker teilweise unzumutbare Belastungen auf. Neben den gesundheitsschädigenden Auswirkungen für die Werker ist dies durch die erforderlichen Änderungsarbeiten mit zusätzlichen Kosten für das Unternehmen verbunden.

Deshalb kann diese Form der "Zeitoptimierung" keine Antwort auf die Forderung nach einer Optimierung der Planungszeiten darstellen.

1.4   Ziel der Arbeit

Aufgrund der dargestellten Problematik soll in dieser Arbeit ein Ansatz aufgezeigt werden, wie die für manuelle Montagesysteme anfallenden Planungszeiten optimiert werden können - jedoch unter gleichzeitiger Gewährleistung einer hohen Qualität der Planungsergebnisse. Im Hinblick auf die Ausnutzung der Vorteile einer Vernetzung von Konstruktion und Produktionsplanung im Sinne eines Simultaneous Engineering (siehe z.B. [BLEY 91, SESS 92]) wird dabei einer geeigneten Rechnerunterstützung besondere Beachtung zu schenken sein [MILB 92b].

Um die zur Erfüllung dieser Zielsetzung durchzuführenden Aufgaben konkret formulieren zu können, ist zunächst die Istsituation bei der Planung manueller Montagesysteme genauer zu analysieren.

2 Situationsanalyse der Planung manueller Montagesysteme

2.1 Darstellung der Planungsphasen

Zur Aufdeckung von Ansatzpunkten für eine Verbesserung der Planung manueller Montagesysteme ist im ersten Schritt der prinzipielle Planungsablauf zu betrachten. Dazu können verschiedene aus der Literatur bekannte Ansätze herangezogen werden. Diese reichen von allgemeinen Vorgehensweisen zur Systemgestaltung [REFA 71] bis hin zu konkreten Schemata zur Planung von Arbeits- [GROB 82] und Montagesystemen [BULL 86, FRIE 89, LOTT 86, SUST 92, ZUEL 87]. Aufbauend auf diesen verschiedenen Planungsmethoden kann der grundsätzliche Ablauf der Montagesystemplanung in die in Bild 2-1 dargestellten Phasen gegliedert werden.

In diesem Planungsablauf treten besonders im Bereich der Feinplanung der Montagesysteme erhebliche Probleme auf. Da es sich hierbei um die letzte Planungsphase vor der Realisierung handelt, ist der Zeitdruck für den jeweiligen Planer meist noch größer als in den früheren Phasen. Zudem ist gerade die detaillierte Ausarbeitung der einzelnen Arbeitsstationen bei Beachtung aller relevanten Aspekte relativ aufwendig. Diese Phase der Feinplanung soll deshalb im nächsten Abschnitt näher untersucht werden.

2.2 Detaillierte Betrachtung der Feinplanung

2.2.1 Informationstechnische Abgrenzung

Zur genaueren Analyse der Problematik ist die Phase der Feinplanung zunächst durch die Spezifizierung der zur Verfügung stehenden Eingangsinformationen und der erforderlichen Ausgangsinformationen genauer abzugrenzen. So stehen zu Beginn der Feinplanung sowohl produktbeschreibende Daten aus der Konstruktion (Produktstückliste, Bauteilgeometrien) als auch die Ergebnisse der vorhergehenden Planungsstufen (Zielkriterien, Montagevorranggraph u.a.) zur Verfügung (Bild 2-2).

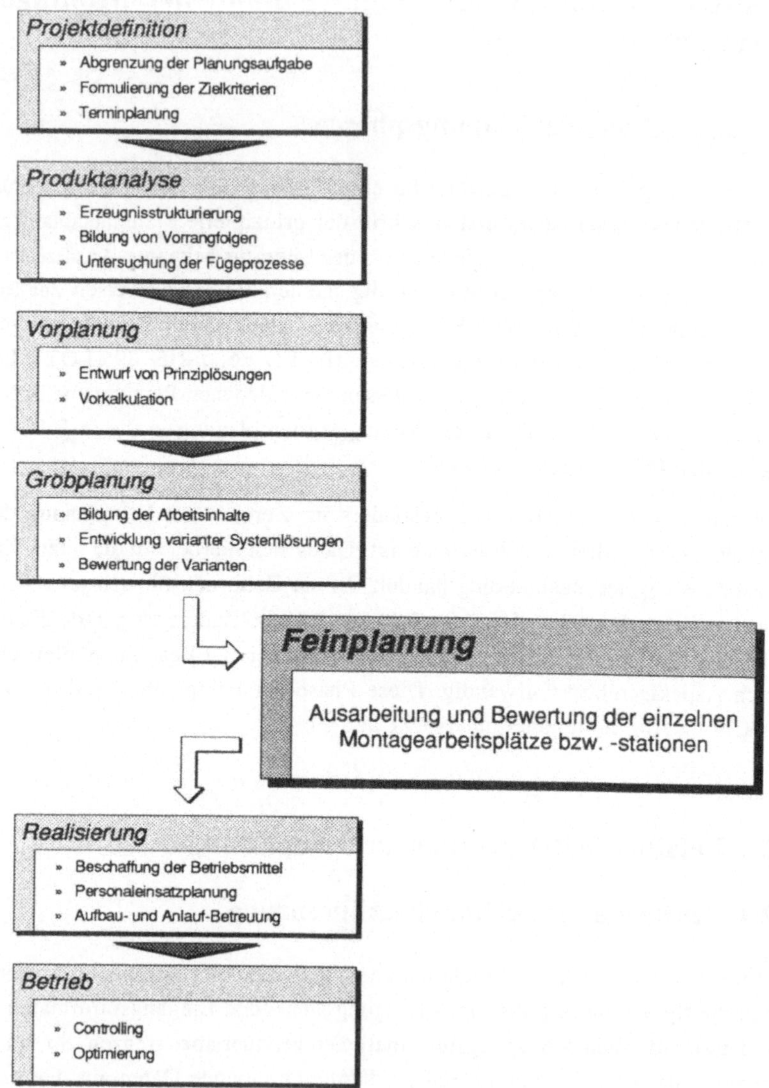

Bild 2-1:   *Phasen der Montagesystemplanung*

Die Anforderungen bezüglich der zur Verfügung zu stellenden Ausgangsdaten ergeben sich durch die anschließenden Phasen der Realisierung und des Betriebs. Zur Realisierung eines Arbeitssystems wird primär eine Stückliste aller Ausrüstungselemente benötigt, um damit eine Grundlage für deren Beschaffung zu erhalten. Zudem sind für den Aufbau der Montagesysteme detaillierte Arbeitsplatzlayouts erforderlich.

Um nach Anlauf der Produktion die Termin- und Kapazitätsplanung durchführen zu können, müssen die Ergebnisse der Feinplanung auch in Form eines

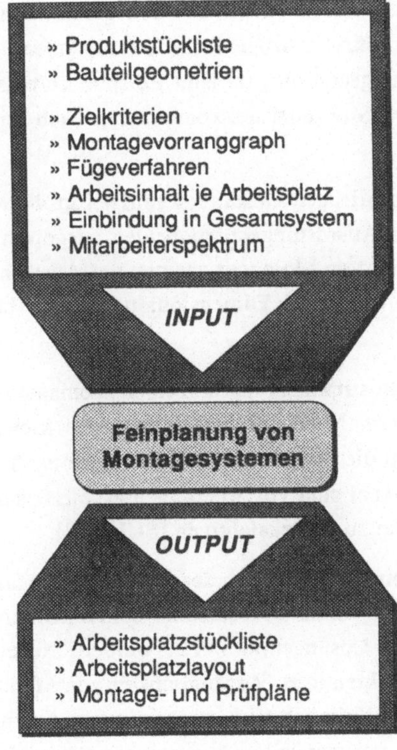

Bild 2-2:   Ein- und Ausgangsinformationen der Feinplanungsphase

Montageplanes dokumentiert werden [PAUL 91]. Ebenso sind für die produktionsbegleitende Qualitätssicherung die entsprechenden Prüfanweisungen zur Verfügung zu stellen.

2.2.2   Planungsschritte

Die Aufgaben, welche zur Umsetzung der zur Verfügung stehenden Eingangsinformationen in die geforderten Ausgaben zu bearbeiten sind, lassen sich in Anlehnung an [BULL 86] in fünf Gruppen einteilen (Bild 2-3).

Zunächst ist auf Basis des noch mit Freiheitsgraden behafteten Montagevorranggraphen eine konkrete Arbeitsfolge auszuwählen. Durch die parallele Wahl der Arbeitsplatzgrundform ist zum Beispiel zu entscheiden, ob das Arbeitssystem als Steh-, Sitz- oder als kombinierter Steh-/Sitzarbeitsplatz ausgeführt werden soll.

Nach dieser organisatorischen Gestaltung müssen im Rahmen der technischen Gestaltung geeignete Ausrüstungskomponenten ausgewählt werden, wobei innerhalb der Auslegung von Montagesystemen der Auswahl der Teilebereitstellungs-Einrichtungen (inklusive Dimensionierung) eine besondere Bedeutung zukommt.

Im Anschluß an die Bestimmung der einzelnen Elemente ist die Gestaltung des Layouts durchzuführen. Neben der Festlegung des Montageraums beinhaltet dieser Planungsschritt die Anordnung der Komponenten und die Gestaltung der Arbeitsumgebung. Dabei sind vor allem auch arbeitssicherheitstechnische und ergonomische Aspekte zu berücksichtigen [SULT 87].

Da im Hinblick auf eine Optimierung des Planungsergebnisses im Rahmen dieser ersten drei Schritte variante Ansätze zu betrachten sind, müssen anschließend die alternativen Lösungen bewertet werden. Neben funktionalen, d.h. eher qualitativen Aspekten (z.B. Zugänglichkeit von Montagestellen) sind hier ebenso wirtschaftliche Kriterien (Investitionskosten, Ausführzeiten u.a.) heranzuziehen. Da es sich um manuelle Arbeitssysteme handelt, darf auch eine Beurteilung unter ergonomischen Gesichtspunkten nicht fehlen - d.h. im Hinblick auf die auftretenden Belastungen des Werkers.

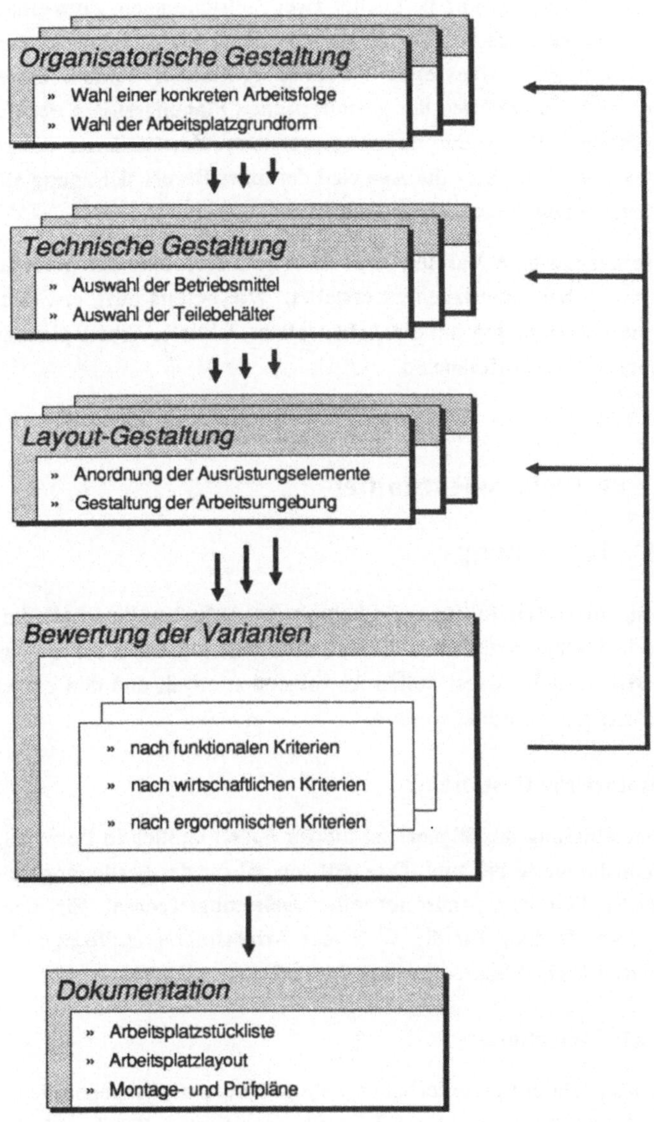

Bild 2-3:   **Vorgehensweise bei der Feinplanung manueller Montagesysteme**

Diese Phase der Bewertung beinhaltet zwei Zielrichtungen. Zum einen können durch die Erkenntnisse bei der Bewertung bestehender Alternativen Ansätze zur Bildung neuer, verbesserter Varianten gewonnen werden: diese können nach erneutem Durchlaufen der gestalterischen Planungsstufen ebenfalls einer gesamtheitlichen Bewertung unterzogen werden. Zum anderen steht am Ende dieses iterativen Prozesses die Auswahl der unter Berücksichtigung aller Kriterien am besten bewerteten Lösungsvariante.

Für diese ausgewählte Variante sind dann zum Abschluß der Feinplanung die geforderten Arbeitsunterlagen zu erstellen. Wie bereits oben erwähnt, handelt es sich hierbei vorrangig um die Arbeitsplatzstückliste, Arbeitsplatzlayouts sowie Montage- und Prüfpläne.

2.2.3 Verfügbare Hilfsmittel

2.2.3.1 Darstellung

Angesichts dieser vielfältigen und komplexen Aufgaben innerhalb der Feinplanung von Montagesystemen stellt sich die Frage nach den zur Verfügung stehenden Hilfsmitteln. Diese sollen im folgenden erfaßt und den einzelnen Planungsschritten zugeordnet werden.

Organisatorische Gestaltung:

Eine Unterstützung des Planers ist hierfür ausschließlich in Form allgemeiner Gestaltungshinweise bekannt. Dies gilt sowohl für der Festlegung der Arbeitsfolge (z.B. Beachtung ausreichender Belastungswechsel für den Werker [BULL 86]) als auch für die Wahl der Arbeitsplatzgrundform (z.B. Einsatz kombinierter Steh-/Sitzarbeitsplätze [GROB 82]).

Technische Gestaltung:

Bei der Auswahl der erforderlichen Layoutkomponenten stehen dem Planer in der Regel nur die verschiedenen herstellerspezifischen Kataloge in Papierform zur Verfügung. Zumeist auf Basis einer Datenbank sind derartige Elementkataloge jedoch auch in verschiedene rechnergestützte Planungshilfsmittel eingebunden. Dadurch hat der Planer die Möglichkeit, eine schnelle, zielorientierte Suche nach dem Ausrüstungselement durchzuführen, das den jeweiligen Anforderungen am besten entspricht [MAS 89, PFRA 90]. Ergänzt wird diese Funktion in Einzelfällen [MENG 88] dadurch, daß auch das spezielle Problem der Berechnung von erforderlichen Behältergrößen für die Teilebereitstellung rechnerunterstützt gelöst werden kann.

Layout-Gestaltung:

Bei diesem Planungsschritt zielen die meisten Hilfsmittel auf die Anordnung der Elemente ab. Für die konventionelle Planung am Zeichenbrett stehen zur Berücksichtigung der speziellen ergonomischen Aspekte anthropometrische Maßtabellen [DIN 78, DIN 86, VDI 80] sowie verschiedene 2D-Schablonen des Menschen zur Verfügung [DIN 87, JENN 85]. Auch von menschlichen Greifräumen existieren derartige zweidimensionale Darstellungen [VDI 80]. Eine weitere, nicht rechnergestützte Möglichkeit zur Gestaltung von Arbeitsplätzen bietet der reale Aufbau im Methodenraum. Gleichsam eine Mischform stellt die (CAD-) Video-Somatographie dar [BENI 91, WALL 90], mit deren Hilfe unter Einsatz von 2D-Ansichten des Arbeitssystems und einer Versuchsperson auch Bewegungsuntersuchungen durchgeführt werden können. Darüber hinaus können sowohl für die Anordnung der Elemente als auch für die Berücksichtigung der Arbeitsumgebung verschiedene Normen und Richtlinien herangezogen werden (eine Zusammenstellung findet sich in [SULT 87]).

Aber auch für diesen Planungsschritt ist der Einsatz eines Rechners geeignet. So werden zur Bearbeitung der kombinierten Aufgabe "Auswahl und Anordnung von Arbeitsplatzelementen" in einigen Fällen [HARS 88, WALD 91] die Möglichkeiten eines Expertensystems genutzt. Eine Rechnerunterstützung im Hinblick auf die Einbeziehung der Ergonomie bei der Layout-Gestaltung wurde in den letzten Jahren vor allem durch die Entwicklung verschiedener 3D-Menschmodelle und deren Einbindung in CAD- oder Simulationssysteme möglich [LAY 91, LIPP 91, MAS 89, PFRA 90, ROHM 90]. Zur weitergehenden Unterstützung des Planers gibt es auch dabei vereinzelt Ansätze zur wissensbasierten Anordnung von Teilebehältern [LAY 88].

Bewertung der Varianten:

Hinsichtlich der verfügbaren Hilfsmittel steht bei der Bewertung der erstellten
Varianten die Betrachtung der Wirtschaftlichkeit im Vordergrund. So können
primär die jeweiligen Investitionskosten bestimmt werden. Auf konventionel-
lem Wege erfolgt dies über die Preislisten der entsprechenden Hersteller - bei
oben angesprochenen Planungshilfsmitteln mit eingebundener Elemente-Da-
tenbank kann dies auch rechnergestützt durchgeführt werden. Für eine weiter-
gehende Bewertung steht eine Vielzahl von Analyseverfahren zur Verfügung.
Eine Methode zur Ermittlung von Ausführzeiten stellen die Systeme vorbestimmter Zeiten dar (zum Beispiel MTM-Verfahren; [HELM 80]). Aufbauend
auf den ermittelten Zeiten und einer Bestimmung des Arbeitswertes zur Festlegung der Lohngruppe können die Lohnkosten bestimmt werden. Zusammen
mit den Investitionskosten und weiteren Eingangsgrößen kann damit unter Einsatz der Verfahren zur Kosten- bzw. Investitionsrechnung [HEIN 91] die Wirtschaftlichkeit des jeweiligen Arbeitssystems gesamtheitlich beurteilt werden.
Eine methodentechnische Analyse der Bewegungsabläufe ist durch Ermittlung
bestimmter Kennwerte möglich: als Beispiele sind hier der Grad der Bewe-
gungsverdichtung [SALW 82] sowie der Wirkungsgrad bei Unterteilung in Pri-
mär- und Sekundärmontagevorgänge [LOTT 86] zu nennen.

Monetär nicht quantifizierbare Kriterien können mit Hilfe einer Nutzwertana-
lyse bewertet werden [GROB 82]. Zur ergonomischen Beurteilung hinsichtlich
auftretender Belastungen des Werkers am Arbeitsplatz eignen sich Checklisten
oder auch Analyseverfahren, welche zum Beispiel auf der Basis von Maximal-
krafttabellen [SIEM 78, VDI 80] oder Klassifizierungsschemata [STOF 85]
aufgebaut sind.

Für verschiedene der aufgeführten Verfahren wurden auch entsprechende
Rechnerprogramme entwickelt (zum Teil als Bestandteil der oben erwähnten
Simulationssysteme). Dies gilt vorrangig für die Verfahren zur Zeitermittlung
[ANAZ 89, LAY 91, ZUEL 92], Kostenrechnung [SMID 92, ZUEL 92], me-
thodentechnischen Beurteilung [PFRA 90, ZUEL 92] und Belastungsanalyse
[KINI 89, LAY 91, LIPP 91, ROHM 90]. Zudem kann in einigen Planungssy-
stemen eine rechnerische Kollisionskontrolle eingesetzt werden, um die Kolli-

sionsfreiheit der Anordnung [HELM 90] oder die Zugänglichkeit von Montagestellen und Teilebereitstellungs-Einrichtungen zu überprüfen [PFRA 90].

Dokumentation:

Die erforderliche Erstellung der Arbeitsplatzlayouts für die ausgewählte Variante kann am Zeichenbrett erfolgen. Auch die Arbeitsplatzstücklisten werden noch oft von Hand angefertigt. Zur rechnergestützten Dokumentation der Layouts können jedoch auch entsprechende 2D- oder 3D-CAD-Systeme herangezogen werden. Darüber hinaus gehört die Erstellung von Zeichnungen und Stücklisten normalerweise zum Funktionsumfang der erwähnten Planungs- bzw. Simulationssysteme [LAY 91, LIPP 91, MAS 89, PFRA 90].

Für die Erstellung der Montage- und Prüfpläne stehen bei konventioneller Bearbeitung zumeist nur Sammlungen mit Varianten- oder Standard-Arbeitsplänen zur Verfügung [HIRS 78, SPUR 84]. Gerade die Montageplan-Generierung ist aber ein Gebiet, auf dem immer mehr rechnergestützte Anwendungen bekannt werden - zum Teil als eigenständige Lösungen [ESCH 85a, HIRS 78, ROEM 92] und zum Teil als Bestandteil umfassenderer Planungssysteme [WALD 91].

2.2.3.2　Bewertung

Die aufgeführten Hilfsmittel können grundsätzlich in drei Klassen unterteilt werden (Bild 2-4), wobei jede dieser Klassen signifikante Schwächen aufweist. Um beurteilen zu können, ob sich aus den bestehenden Hilfsmitteln trotzdem eine Grundlage für die Erfüllung der Zielsetzung dieser Arbeit ableiten läßt, sollen die Schwächen der einzelnen Klassen im folgenden näher untersucht werden.

Konventionelle Hilfsmittel:

Wird auf die Anwendung von rechnergestützten Hilfsmitteln verzichtet, so wirkt sich besonders der hohe Zeitbedarf für die Beschaffung der erforderlichen Eingangsinformationen und für die Durchführung der vielen Routinetätig-

keiten (z.B. Nachschlagen in Herstellerkatalogen oder Ermitteln von Tabellen-
werten) nachteilig aus. Dadurch verbleibt dem Planer kaum Zeit für die eigentlichen kreativen Tätigkeiten zur Optimierung des Montagesystems (Variation
der Arbeitsplatzkonfiguration u.a.).

Zudem sind beim Einsatz konventioneller Hilfsmittel viele Fehlerquellen vorhanden, welche die Qualität des Planungsergebnisses negativ beeinflussen können. Hierbei ist vor allem das Arbeiten mit 2D-Ansichten sowie das teilweise
erforderliche Schätzen von Zahlenwerten (zum Beispiel Weglängen bei der

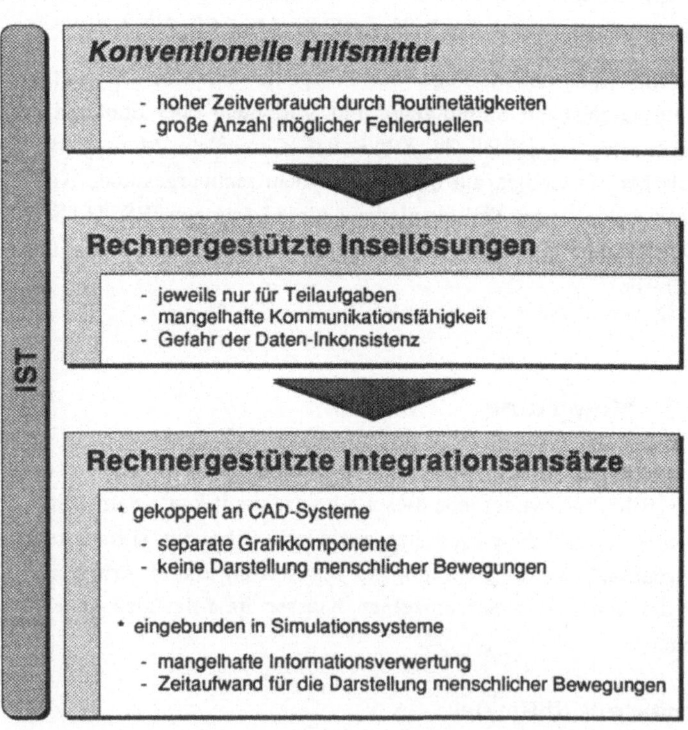

Bild 2-4:   *Schwächen existierender Hilfsmittel zur Feinplanung manueller*
              Montagesysteme

Zeitermittlung) zu nennen. Darüber hinaus wird bei der Feinplanung von manuellen Montagesystemen vom Arbeitsplaner der Einsatz verschiedenster und komplexer Verfahren verlangt, deren korrekte Anwendung der ständigen Übung bedarf. Dies kann besonders dann zu Planungsfehlern führen, wenn vereinzelte Verfahren nur periodisch eingesetzt werden.

Rechnergestützte Insellösungen:

Einen prinzipiellen Beitrag zur zeitlichen Entlastung und Unterstützung des Planers können die rechnergestützten Hilfsmittel leisten. Dabei handelt es aber zumeist um Insellösungen für eine bestimmte Teilaufgabe wie zum Beispiel Layout-Gestaltung (CAD-Systeme), Zeitermittlung [ANAZ 89], ergonomische Beurteilung [KINI 89] oder Wirtschaftlichkeitsrechnung [SMID 92].

Des weiteren existieren verschiedene Hilfsmittel, welche sich auf jeweils einige Teilaufgaben beschränken. So kann das in [MAS 89] beschriebene System den Planer bei der Auswahl und Anordnung der Ausrüstungselemente sowie bei der Erstellung von Stückliste, Kalkulation und Layoutzeichnung unterstützen. Das in [ROHM 90] vorgestellte System ermöglicht durch die Integration eines 3D-Menschmodells in CAD-Umgebungen primär Aussagen über die Zulässigkeit geforderter Kraftausübungen am Arbeitsplatz sowie die Bewertung von Körperhaltungen. Mit einem anderen Programmpaket ist ebenfalls durch Anbindung an ein CAD-System der Zugriff auf Objektbibliotheken und die Anordnung der gewählten Ausrüstungselemente im Layout unter Einsatz eines 3D-Menschmodells möglich [LIPP 91]. Zudem kann damit eine Maximalkraftermittlung für die einzelnen Phasen einer Bewegung sowie die Dokumentation des Layouts in Form bemaßter Zeichnungen durchgeführt werden. Auch mit Systemen zur Montageplan-Erstellung [ESCH 85a, HIRS 78] können neben der Beschreibung der Arbeitsfolgen zumeist nur einige vorgelagerte Aufgaben (wie Verrichtungsfolgeermittlung oder Vorgabezeitberechnung) erledigt werden.

Derartige rechnergestützte Hilfsmittel unterstützen den Planer folglich nur bei jeweils einer oder einigen der Teilaufgaben im Rahmen der Feinplanung manueller Montagesysteme. Die dadurch bedingte Verteilung der Teilaufgaben auf mehrere Programmpakete führt zu diversen Schnittstellen, da häufig Ergebnisse einer Teilaufgabe die Eingangsinformationen für die nächste bilden. So stellen zum Beispiel die durch die Layout-Gestaltung festgelegten Weglängen wichtige Einflußgrößen bei der Zeitermittlung für Bewegungsfolgen dar. In den seltensten Fällen existiert jedoch eine Möglichkeit, die Ergebnisse aus einem Programmpaket direkt in das nächste zu übernehmen. Deshalb müssen diese Daten durch den Planer übertragen werden. Dies nimmt Zeit in Anspruch und birgt zusätzliche Fehlerquellen.

Zudem ergibt sich ein weiteres Problem dadurch, daß die verschiedenen Programmpakete zumeist nicht auf einen gemeinsamen Bestand an Planungsgrunddaten zugreifen. Denn so wächst einerseits der Aufwand für die Pflege dieser Daten und andererseits die Gefahr von Inkonsistenzen redundanter Datenbestände.

Rechnergestützte Integrationsansätze:

Aufgrund dieser vielfältigen Nachteile rechnergestützter Insellösungen (siehe hierzu auch [FELD 87, MILB 92a]) wurden in der Vergangenheit bereits vereinzelt Lösungsansätze zur weitgehenden Integration aller relevanten Planungsfunktionen in ein Programmpaket entwickelt. Die bekannten Systeme können dabei in zwei Gruppen eingeteilt werden:

- gekoppelt an CAD-Systeme,

- eingebunden in Simulationssysteme.

Ein Vertreter der ersten Gruppe ist das System EMMA [WALD 91, ZUEL 92]. Es handelt sich dabei um ein PC-gestütztes, wissensbasiertes Planungssystem, welches ein CAD-System als externe Grafikkomponente verwendet. Ausgehend von der Produktbeschreibung im CAD-System und von interaktiven Benutzereingaben wird die Auswahl der Ausrüstungselemente und die Layout-Gestaltung - auch unter Berücksichtigung ergonomischer Gestaltungsregeln - weitgehend automatisch durchgeführt. Ebenso können Zeitanalysen nach dem MTM-Grundverfahren, Arbeitspläne und Arbeitsplatzstücklisten erstellt werden. Über das angekoppelte CAD-System ist die grafische Ausgabe und die Zeichnungserstellung möglich. Außerdem kann eine Bewertung der Arbeitssysteme mittels bewegungstechnischer und wirtschaftlicher Kennzahlen erfolgen.

Zur zweiten Gruppe der 3D-grafischen Planungs- und Simulationssysteme gehören die Programmpakete ERGOMAS [HELM 90, LAY 91] und COSIMAN [PFRA 90]. Damit kann aufbauend auf den aus systeminternen Objektbibliotheken ausgewählten 3D-Modellen von Ausrüstungselementen das Arbeitssystem gestaltet werden. Mit Hilfe eines 3D-Menschmodells und entsprechender Hilfsräume (Greifraum, Blickfeld) können ergonomische Aspekte berücksichtigt werden. Je nach Leistungsfähigkeit des Systems ist auch eine kinematische Simulation der Bewegungssequenzen möglich. Ebenso sind Module für weitere Planungsaufgaben in diese Systeme integriert (z.B. Stücklisten- oder Zeichnungserstellung).

Bei Vergleich der beiden Gruppen erscheint der Ansatz auf Basis der grafischen Simulation im Hinblick auf eine umfassende Integration der Planungsfunktionen erfolgversprechender. Dies liegt zum Teil darin begründet, daß es sich hierbei um ein einziges Programmpaket handelt - inklusive der Grafikkomponente zur Visualisierung. Dadurch hat der Planer bessere Möglichkeiten zur direkten Kontrolle der Teilschritte. Zudem ist so auch eine realistische Darstellung des menschlichen Bewegungsablaufes möglich, was wiederum als Grundlage für weitere Planungsfunktionen erforderlich ist - zum Beispiel für die Beurteilung der auftretenden Belastungen des Werkers.

Bei der Betrachtung dieser 3D-Simulationssysteme werden neben den Vorteilen (siehe hierzu auch [BERG 92a]) jedoch auch verschiedene Schwachpunkte deutlich. Zum einen müssen trotz der Aufgabenintegration häufig Daten, welche infolge der vorhergehenden Planungsschritte bereits rechnerintern bekannt sind oder abgeleitet werden könnten, bei weiteren Planungsfunktionen nochmals von Hand eingegeben werden. Zum anderen ist die Darstellung menschlicher Bewegungsabläufe zwar möglich, aber noch mit einem erheblichen Zeitaufwand verbunden.

Dennoch bietet die grafische Bewegungssimulation gute Voraussetzungen, um darauf aufbauend ein effizientes Hilfsmittel für die Planung manueller Montagesysteme zu entwickeln. Die Vorgehensweise hierzu im Sinne der übergeordneten Zielsetzung dieser Arbeit soll im nächsten Kapitel dargestellt werden.

3 Aufgabenabgrenzung für die Entwicklung eines integrativen Hilfsmittels

3.1 Beschreibung der Entwicklungsbasis

Von den aufgeführten 3D-Simulationssystemen wird als Basis für eine weiterführende Entwicklung konkret das System COSIMAN ausgewählt. Dies liegt darin begründet, daß durch die mögliche Einbeziehung der Bewegungsabläufe automatisierter Komponenten (Einlegegeräte, Industrieroboter) neben der Betrachtung rein manueller Montagesysteme auch die Gestaltung teilautomatisierter Systeme erfolgen kann. Unter teilautomatisierten Montagesystemen sind dabei all diejenigen Arbeitsysteme zu verstehen, bei denen der Werker die wesentlichen Handhabungs- und Montagetätigkeiten ausführt - auch bei teilweiser Unterstützung durch automatisierte Komponenten. Da jedoch bei den folgenden Untersuchungen die manuellen Aspekte im Vordergrund stehen - und nicht die Auslegung der Automatikkomponenten -, wird auch weiterhin vereinfachend von "manuellen Montagesystemen" gesprochen.

Mit diesem Planungssystem - dessen Hardware-Konfiguration in Bild 3-1 dargestellt ist (MicroVAX II der Firma DEC, Grafikprozessor PS 390 der Firma Evans & Sutherland) - können bereits einige der relevanten Planungsschritte rechnergestützt durchgeführt werden. So kann der Planer bei der Auswahl der

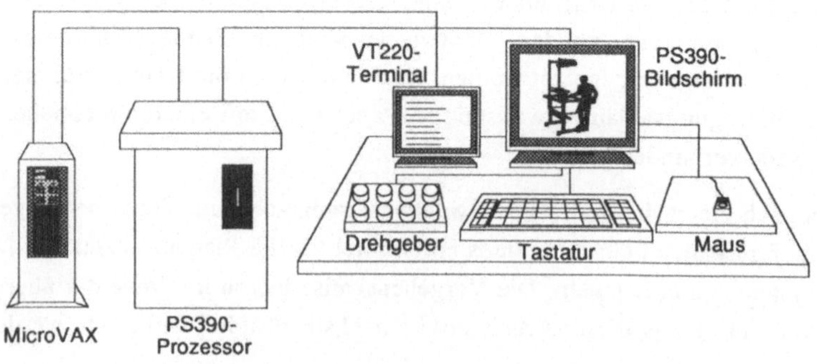

Bild 3-1:   Hardware-Konfiguration des Systems COSIMAN

benötigten Ausrüstungselemente über zielorientierte Suchverfahren auf die in der angekoppelten Datenbank verwalteten Elemente zugreifen. Die Anordnung der Arbeitsplatzkomponenten kann grafisch-interaktiv mit Hilfe einer Vielzahl von geometrischen Plazierfunktionen erfolgen (z.B. in der Form "Punkt-zu-Punkt" bzw. "Ebene-auf-Ebene"). Zur Berücksichtigung ergonomischer Anforderungen sind hierbei auch Modelle menschlicher Greifräume und Blickfelder einblendbar.

Um neben der Anordnung der Ausrüstungselemente auch die menschlichen Bewegungsabläufe möglichst realistisch überprüfen zu können (Bild 3-2), ist in dem System COSIMAN ein kinematisches Menschmodell integriert. Dieses verfügt über 40 "echte" Gelenkachsen (Bild 3-3) sowie zusätzlich über 4 Hilfsachsen (drei Translationen und die Rotation um die Hochachse zur Ortsveränderung des Rumpfes) und ist in verschiedenen Größenstufen hinterlegt. Durch

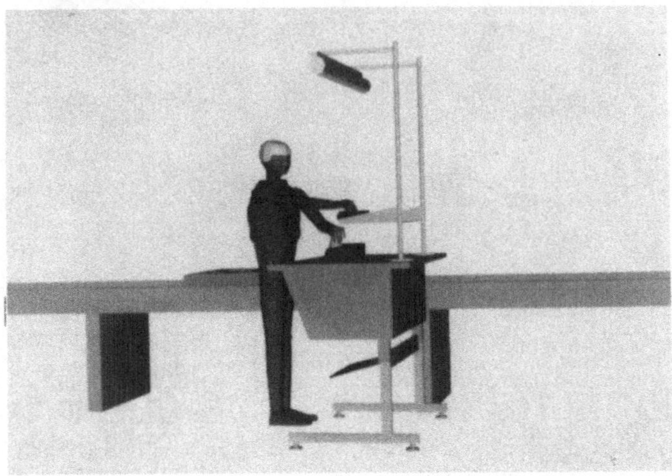

Bild 3-2:   *Darstellung eines manuellen Montagearbeitsplatzes im System COSIMAN*

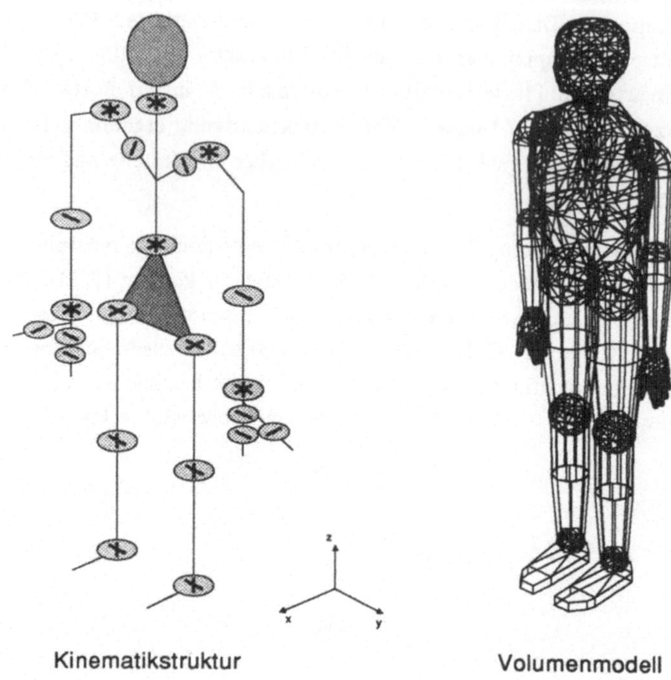

Bild 3-3:   *Geometrie und Kinematikstruktur des COSIMAN-Menschmodells*

Bewegen der einzelnen Achsen mit jeweils einem Drehgeber (siehe Bild 3-1) kann der zugehörige (Winkel-) Wert der entsprechenden Achse innerhalb seiner definierten mechanischen Grenzen verändert werden. Die sich so ergebenden Haltungen des Modells können in einer Programmdatei in Form von Bewegungsbefehlen abgespeichert werden. Zugehörig zu dem dabei jeweils zu vergebenden Namen der Zielhaltung der Bewegung werden in einer zweiten Datei (Location-Datei) die zugehörigen Winkelwerte der 44 Achsen abgelegt. Durch kontinuierliches Ausführen der im Bewegungsprogramm aufeinanderfolgenden Bewegungsbefehle - dies entspricht einem Einstellen der gespeicherten Gelenkwinkelwerte - wird somit eine realistische Simulation möglich. Über zusätzliche Hilfsbefehle kann dabei auch das Greifen und Loslassen von Layoutelementen gesteuert werden.

Zu den kreativen Aufgaben des Planers gehört es bei diesem Planungsablauf, durch Variation von Komponentenanordnung und Bewegungsfolge verschiedene Alternativen zu erarbeiten. Zur anschließenden Bewertung und Dokumentation der Varianten stehen wiederum vereinzelte Systemmodule zur Verfügung (z.B. Investkostenermittlung bzw. Erstellung von Arbeitsplatzstücklisten).

3.2   Gesamtkonzeption

Aufbauend auf dieser Basis kann das Konzept für ein effizient einsetzbares integratives Hilfsmittel entworfen werden (Bild 3-4). Dessen Grundstruktur ergibt sich aus der prinzipiellen Aufteilung der Feinplanung manueller Montagesysteme in die drei Abschnitte Gestaltung, Bewertung und Dokumentation (siehe Bild 2-3). Dabei müssen für jede Stufe dieser Grundstruktur geeignete Programmodule zur Verfügung gestellt werden, mit deren Hilfe die zugehörigen Planungstätigkeiten (siehe Abschnitt 2.2.2) durchgeführt werden können. Die im vorhergehenden Abschnitt beschriebenen Planungsfunktionen des Systems COSIMAN lassen sich hier gut einordnen: wichtig ist jedoch, daß diese Bereitstellung leistungsfähiger Programmodule für alle relevanten Tätigkeiten der drei Planungsabschnitte erfolgt. Zudem ist darauf zu achten, daß auch weiterhin alle benötigten Informationen über die angekoppelte Datenbank zentral und konsistent für alle Planungsmodule gemeinsam verwaltet werden.

Unter Berücksichtigung der Zielsetzung der vorliegenden Arbeit sind aber diese elementaren Merkmale eines integrativen Hilfsmittels noch nicht ausreichend. Denn im Hinblick auf die geforderte Gewährleistung einer hohen Qualität der Planungsergebnisse trotz reduzierter Planungszeit sind zwei weitere wesentliche Anforderungen zu stellen.

Zum einen ist zu gewährleisten, daß die im Hinblick auf die Optimierung des Arbeitssystems wesentliche Variantenbildung komfortabel und schnell möglich ist. Erst so kann sichergestellt werden, daß der Planer in der ihm zur Verfügung stehenden Zeit verschiedene Alternativen erarbeiten und bewerten kann.

Zum anderen ist bei der Realisierung jeder einzelnen Planungsfunktion darauf zu achten, daß die Vorteile genutzt werden, die sich durch deren Einbindung in das Gesamtpaket bieten. Als wesentlicher Aspekt ist hier die weitestgehende Verwendung bereits im Planungssystem verfügbarer Informationen zu nennen. So ist bei der Entwicklung der Programmodule immer genau zu prüfen, ob benötigte Eingangsinformationen unbedingt von Hand eingegeben werden müssen. Denn in vielen Fällen stehen Daten in der Planungsphase, in der sie benötigt werden, bereits als Ergebnis früherer Planungsschritte in verwertbarer Form zur Verfügung und können somit abgeleitet werden. Dadurch kann so-

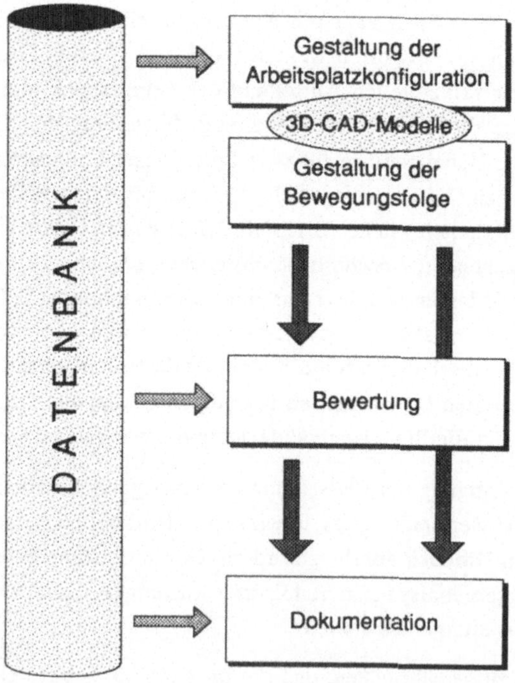

Bild 3-4:   *Gesamtkonzept für ein integratives Planungssystem auf Basis der Bewegungssimulation*

wohl der Zeitanteil für interaktive Eingaben als auch die Gefahr fehlerhafter Eingaben reduziert werden. Erst durch die möglichst umfassende Ableitung von Informationen (Datendeduktion) in jeder der Planungsabschnitte kann die volle Leistungsfähigkeit dieses integrativen Hilfsmittels ausgeschöpft werden.

3.3 Formulierung der Entwicklungsschwerpunkte

Damit ist das übergeordnete Gesamtkonzept des zu entwickelnden Planungssystems beschrieben. In diesem Abschnitt soll deshalb festgelegt werden, wie die Umsetzung dieses Konzeptes aufbauend auf dem zur Verfügung stehenden Grundgerüst des grafischen Planungs- und Simulationssystems COSIMAN erreicht werden kann (Bild 3-5).

Da in der existierenden Ausbaustufe einige Planungsfunktionen fehlen (zu den Anforderungen hierzu siehe auch [BERG 92]) bzw. noch nicht in praxisgerechter Form realisiert sind, müssen weitere Module zur Abdeckung dieser Teilaufgaben integriert werden. Aufgrund der Relevanz für die Bewertung und Doku-

*Bild 3-5: Aufgabenabgrenzung für die Weiterentwicklung des Planungs-
und Simulationssystem COSIMAN*

mentation von Montagesystemen werden dazu im Rahmen dieser Arbeit die Aufgaben "Zeitermittlung" und "Montageplan-Generierung" behandelt. Dabei soll auch die kombinierte Vorgehensweise aus Integration und Datendeduktion exemplarisch dargestellt werden.

Die Grundlage für diese und die Mehrzahl der weiteren Planungsfunktionen bildet die grafische Simulation menschlicher Bewegungen. Wie bereits in Abschnitt 2.2.3.2 erkannt wurde, nimmt die Erstellung dieser Bewegungsabläufe aber noch relativ viel Zeit in Anspruch. Dies gewinnt besonders auch durch die geforderte Vereinfachung der Variantenbildung an Bedeutung. Deshalb ist es in einem ersten Schritt erforderlich, die Erstellung der Bewegungsabläufe zu optimieren.

Nachdem so das in Abschnitt 1.4 aufgestellte Ziel dieser Arbeit genauer spezifiziert ist, kann im folgenden mit der Bearbeitung der entsprechenden Teilaufgaben begonnen werden.

4 Optimierung der Erstellung von Bewegungsabläufen

4.1 Spezifikation der Zielsetzung

Zur Unterstützung des Planers bei der Erstellung varianter Arbeitssystemansätze sollen in diesem Kapitel Lösungen erarbeitet werden, mit deren Hilfe die
Gestaltung menschlicher Bewegungsfolgen in der Simulation einfacher und
schneller möglich wird (Bild 4-1). Um zunächst das zugrundeliegende Kern-
problem herauszuarbeiten, ist die Vorgehensweise zur Darstellung von Bewegungen des Menschmodells genauer zu untersuchen.

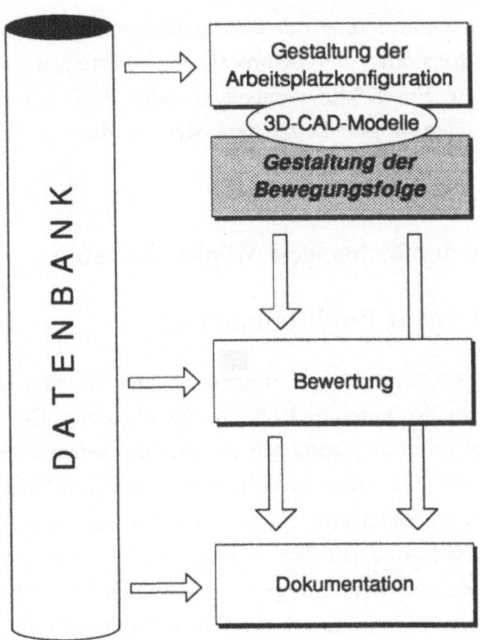

Bild 4-1:   Optimierung der Erstellung von Bewegungsabläufen als Bestandteil der Gestaltung varianter Arbeitssystemansätze

Bewegungsabläufe in der Simulation bestehen prinzipiell aus einer Vielzahl von einzelnen, aufeinanderfolgenden Haltungen der betreffenden Kinematik (repräsentiert durch die jeweilige Gesamtheit der einzelnen Gelenkwinkelwerte). Bevor diese Haltungen für das eigentliche Ausführen eines Simulationslaufes zur Verfügung stehen, müssen sie zunächst eingestellt und abgespeichert werden.

In Gegensatz zum Abspeichern ist dabei das vorhergehende Einstellen der jeweiligen Haltungen mit einem erheblichen Aufwand verbunden. Leistungsfähige Hilfsfunktionen, wie sie für die ebenfalls verfügbaren Robotermodelle bereits eingesetzt werden können [WRBA 90], sind für das Menschmodell noch nicht in ausreichender Form vorhanden. Begründet ist dies primär durch die Komplexität der kinematischen Struktur (siehe Bild 3-3).

Deshalb sind zur Optimierung der Bewegungssimulation besonders die Möglichkeiten zum Einstellen der erforderlichen Haltungen zu verbessern. Als Grundlage für die Entwicklung entsprechender Problemlösungen sollen zunächst die bisherigen Möglichkeiten analysiert werden.

4.2   Analyse der bisherigen Möglichkeiten

4.2.1   Existierende Funktionalitäten

Wie bereits in Abschnitt 3.1 beschrieben, besteht die elementare Möglichkeit zum Bewegen des Werkermodells darin, die einzelnen Gelenkachsen mit jeweils einem Drehgeber anzusprechen und so den Gelenkwinkelwert zu verändern. Diese Art des Bewegens ist völlig ausreichend, um die einzelnen Gliedmaßen des Werkermodells grob zu positionieren. Es ist jedoch auf diese Art auch einem geübten Anwender kaum möglich, mit vertretbarem Zeitaufwand exakte Positionen und Orientierungen der einzelnen Teilkinematiken einzustellen - beispielsweise um ein mit der Hand gegriffenes Objekt koplanar auf einer Tischoberfläche zu plazieren. Dies liegt darin begründet, daß eine definierte Bewegung der Hand nur durch die kombinierte Bewegung mehrerer Gelenke des Hand-Arm-Systems erzielbar ist. Hier ist der Mensch als Bediener jedoch zumeist überfordert, diese Kombination der Gelenke sowie die entsprechenden Winkelwerte zu bestimmen.

Deshalb wurde bereits in [PFRA 90] im System COSIMAN eine Möglichkeit vorgesehen, die Haltung (= Position und Orientierung) zum Beispiel einer Hand durch geometrische Plazierfunktionen ("Ebene-auf-Ebene" u.a.) vorzugeben. Die der jeweiligen Haltung zugehörigen Gelenkwinkelwerte werden dabei durch entsprechende Algorithmen automatisch bestimmt und eingestellt: in der Roboterkinematik wird ein derartiges Verfahren als Rückwärtsrechnung (oder Rücktransformation) bezeichnet. Im Vergleich dazu versteht man unter Vorwärtsrechnung die wesentlich einfachere Aufgabe, aus den gegebenen Gelenkwinkelwerten die Haltung des letzten Elementes der betrachteten kinematischen Kette zu bestimmen.

Bei der eingesetzten Rücktransformation handelt es sich um ein allgemeines, iteratives Verfahren [TAUB 89, TAUB 90]. Dieses Verfahren ist folglich nicht auf das Werkermodell beschränkt, sondern kann allgemein für durch Translations- und Rotationsachsen beschreibbare Kinematiken verwendet werden. Die Lösungen werden dabei nicht mit Hilfe ermittelter Lösungsgleichungen explizit bestimmt, sondern nach Linearisierung eines nichtlinearen Gleichungssystems durch eine entsprechende Zahl von Iterationsschritten (ausgehend von einem geeigneten Startwert). Damit konnte der Aufwand zur Vorgabe definierter Haltungen des Werkermodells bereits ansatzweise reduziert werden.

Diesem prinzipiellen Nutzen des Einsatzes einer Rücktransformation stehen jedoch unter den speziellen Randbedingungen eines Werkermodells auch einige Nachteile des allgemeinen, iterativen Verfahrens gegenüber (Bild 4-2). So kann mit dieser Rückwärtsrechnung jeweils nur eine kinematische Teilkette (z.B. rechtes Hand-Arm-System) betrachtet werden. Bei dem Werkermodell kann es jedoch vorkommen, daß mehrere Teilkinematiken in eine gesamtheitliche Bewegung einzubeziehen sind (z.B. bei Beidhandbewegungen). Aber auch das aufeinanderfolgende Bewegen einzelner Teilkinematiken ist relativ umständlich. Ursache hierfür ist, daß für den Wechsel zwischen den verschiedenen kinematischen Ketten des Werkermodells entsprechende Hilfsbefehle in das Bewegungsprogramm eingetragen und abwechselnd ausgeführt werden müssen.

Ein weiterer Nachteil dieser Form der Rücktransformation ergibt sich durch die Tatsache, daß hier das kinematische Modell eines Menschen und nicht ein Robotermodell betrachtet wird: die fehlende Berücksichtigung spezifischer Randbedingungen z.B. aus dem Bereich der Biomechanik. Darüber hinaus führt das iterative Rechenverfahren teilweise zu hohen Antwortzeiten, da abhängig von der Abweichung der Zielposition zur Startposition die Anzahl der erforderlichen Iterationsschritte wächst.

Aus den bisherigen Erfahrungen heraus kann somit festgehalten werden, daß mit Hilfe von Rücktransformationsalgorithmen und darauf basierender Plazierfunktionen sicher zu einer Reduzierung der Planungszeit beigetragen werden

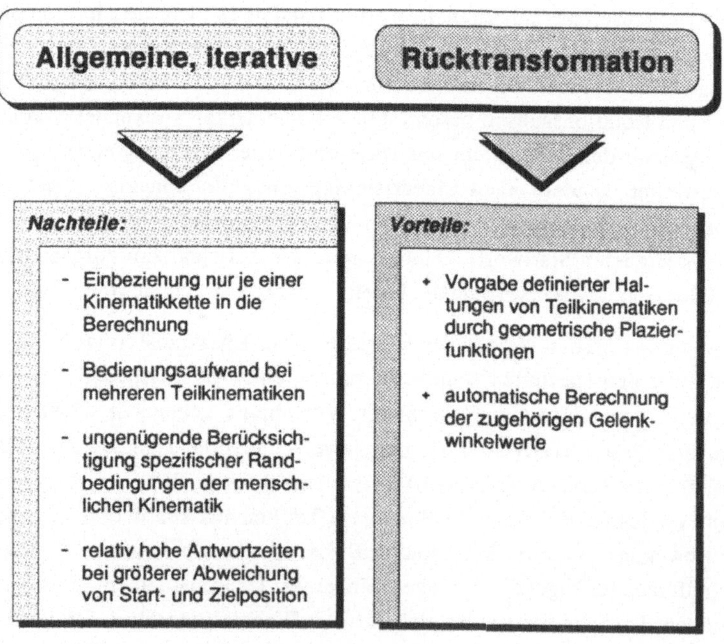

Bild 4-2:   Einsatzmöglichkeit der allgemeinen, iterativen Rücktransformation für das Werkermodell

kann. Das bisher eingesetzte allgemeine, iterative Verfahren und der zur Verfügung stehende Funktionsumfang können jedoch die im Rahmen der Bewegungssimulation mit dem Werkermodell spezifisch auftretenden Anforderungen nicht vollständig erfüllen.

4.2.2   Schwächen aufgrund fehlender Funktionalitäten

Neben diesen Unzulänglichkeiten bei der Vorgabe einzelner definierter Haltungen kann man bei der Beobachtung umfangreicher Bewegungsabläufe feststellen, daß sich dabei häufig bestimmte Sequenzen in ähnlicher Form wiederholen. Daß bei diesen ähnlichen Sequenzen jede Einzelbewegung immer wieder explizit durch den Planer vorgegeben werden muß, erscheint in nicht unerheblichen Maße verbesserungsfähig.

Weiterhin sollte es ein Vorteil der Simulation sein, daß bereits im Planungsstadium in kurzer Zeit verschiedene Varianten eines Arbeitssystems (bestehend aus Anordnung der Arbeitsplatzelemente und Bewegungsablauf) dargestellt und verglichen werden können. Während das Umplazieren von Layoutelementen mittels einer Vielzahl von Hilfsfunktionen bereits sehr einfach möglich ist, verbleiben für die immer wieder erforderliche Anpassung der Bewegungsabläufe große Zeitanteile.

4.3   Ansatz zur Zielerfüllung

Aus obigen Untersuchungen wird deutlich, daß der Zeitaufwand zur Erstellung eines Bewegungsablaufes in der Simulation hauptsächlich durch die Tätigkeiten zum erstmaligen Einstellen von Haltungen und die Tätigkeiten zum Anpassen von Haltungen nach Veränderungen im Arbeitsplatzlayout (Variantenbildung) bedingt wird. Um die dadurch verursachte Planungszeit zu reduzieren, erscheint es sinnvoll, in mehreren Stufen vorzugehen (Bild 4-3).

Zunächst muß das Einstellen einzelner, definierter Haltungen im Rahmen der Neuplanung von Arbeitssystemen prinzipiell vereinfacht werden. Dies kann

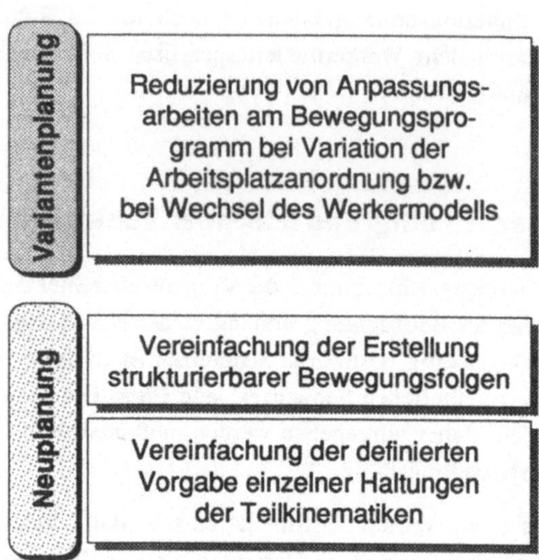

Bild 4-3:   *Anwendungsbezogene Gliederung der Teilaufgaben*

durch die Implementierung von komfortablen Plazierfunktionen unterstützt
werden. Als Grundlage für diese Funktionalitäten sind für die einzelnen Teilkinematiken des Werkermodells Algorithmen zur Rückwärtsrechnung erforderlich. Aufgrund der in Abschnitt 4.2.1 angesprochenen Aspekte wird hierbei die
Verwendung der verfügbaren allgemeinen, iterativen Rücktransformation nicht
weiterverfolgt, sondern spezielle und explizite Lösungen für die Teilkinematiken des Werkermodells gefordert. Wegen der unikalen Kinematikstruktur des
eingesetzten Werkermodells sind dabei Lösungen von anderen Werkermodellen (z.B. nach [TSOT 87]) nicht übertragbar.

Da eine Behandlung des gesamten Werkermodells mit einer einzigen Rücktransformation mit vertretbaren Antwortzeiten bei der Rechnerimplementie-

rung nicht möglich ist, muß eine Aufteilung vorgenommen werden. Dazu läßt sich das Werkermodell in folgende Teilkinematiken gliedern:

- Rumpf,

- Kopf,

- linkes Fuß-Bein-System,

- rechtes Fuß-Bein-System,

- linkes Hand-Arm-System,

- rechtes Hand-Arm-System.

Für jede dieser kinematischen Teilketten sind deshalb spezifische Algorithmen zur Rückwärtsrechnung zu entwickeln. Darauf aufbauend ist dann die Möglichkeit zu schaffen, Haltungen der Teilkinematiken durch den Einsatz entsprechender Benutzer-Funktionalitäten festlegen zu können.

Neben dieser Betrachtung der Vorgabe einzelner Haltungen ist weiterhin zu untersuchen, inwieweit auch die Erstellung kompletter Bewegungsfolgen vereinfacht werden kann (Abschnitt 4.5). Darüber hinaus sind aufbauend auf den Verfahren der Rückwärtsrechnung geeignete Funktionalitäten zu konzipieren, um den Planer im Rahmen der Variantenplanung bei der Aufgabe der Anpassung des Bewegungsprogramms zu unterstützen (Abschnitt 4.6).

Aufgrund dieser gestuften Aufgabenstellung sind zunächst die jeweiligen Rücktransformationen zu entwickeln. Zur exemplarischen Darstellung in dieser Arbeit wird hierzu die Teilkinematik mit der höchsten Komplexität herausgegriffen: das Hand-Arm-System des Werkermodells.

4.4 Entwicklung einer Rücktransformation für das Hand-Arm-System des Werkermodells

4.4.1 Anforderungsermittlung

Für die Entwicklung entsprechender Algorithmen und Benutzer-Funktionalitäten sind aufgrund der Aufgabenstellung verschiedene Zielvorgaben zu berücksichtigen (Bild 4-4). Bezüglich der Algorithmen ist darauf zu achten, daß diese
variabel sowohl für die verschiedenen Größen des Werkermodells als auch für
rechtes und linkes Hand-Arm-System zu verwenden sind. Weitere Forderungen
ergeben sich aus den spezifischen Eigenheiten der Simulation eines menschli-

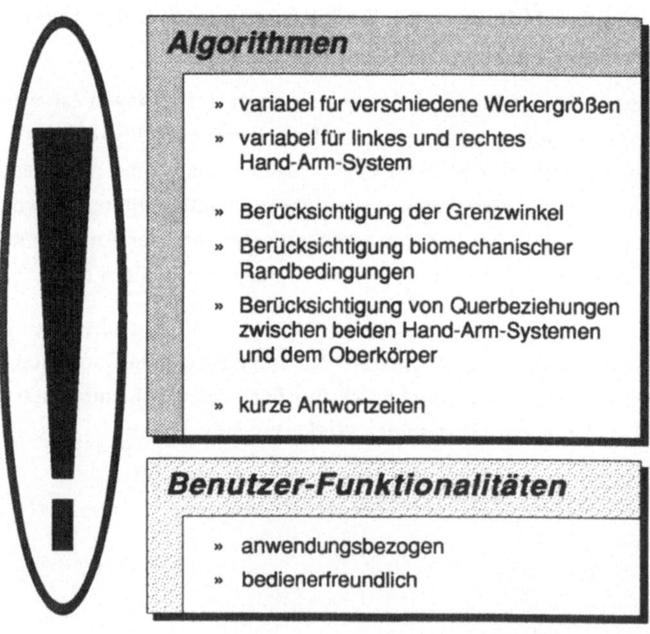

Bild 4-4:   Anforderungen an die Rücktransformation für das Hand-Arm-System

chen Modells. So sind neben den mechanischen (Grenzwinkel der einzelnen Gelenke) auch biomechanische Randbedingungen zu berücksichtigen (z.B. Energieoptimierung der Bewegungen). Besonders ist zudem zu beachten, daß sich die Bewegungen im Bereich der Hand-Arm-Systeme und des Oberkörpers in vielen Fällen gegenseitig beeinflussen. Deshalb sind auch für die hier zu konzipierende Rücktransformation entsprechende Querbeziehungen zu ermöglichen. Im Hinblick auf eine hohe Benutzerakzeptanz ist auch die Einhaltung kurzer Antwortzeiten bei den erforderlichen Berechnungen von Bedeutung. Bei der Entwicklung der Benutzer-Funktionalitäten ist vor allem darauf zu achten, daß die jeweiligen Funktionen sich an den praxisrelevanten Anwendungsfällen orientieren und einfach zu bedienen sind.

Nachdem so die spezifischen Anforderungen an das zu entwickelnde Verfahren formuliert sind, soll nun der Lösungsweg komprimiert dargestellt werden.

4.4.2   Aufstellung der Algorithmen

4.4.2.1   Auswahl der Gelenke

Zunächst sind die Grenzen des hier zu betrachtenden Hand-Arm-Systems und damit die relevante Kinematikkette festzulegen. Dazu soll der entsprechende Ausschnitt dieses Werkermodells näher beschrieben werden (Bild 4-5). Die Anbindung des Schultergürtels - bestehend aus Schulterblatt und Schlüsselbein - zum Oberkörper erfolgt durch ein schräg im Körper liegendes Drehgelenk. Dieses soll im weiteren als Schulterblattgelenk bezeichnet werden. An der Schulter stellen drei, das Schulterkugelgelenk repräsentierende Rotationsachsen die Verbindung zum Oberarm her. Oberarm und Unterarm sind durch das Ellbogengelenk miteinander verbunden, das Handgelenk wird wiederum durch drei Rotationsachsen dargestellt (inklusive der Achse, welche die Elle/Speiche-Verdrehung nachbildet). Weiterhin ist der Daumen in einer Achse und die restlichen vier Finger gemeinsam in zwei Achsen beweglich. Insgesamt besteht das Hand-Arm-System des Werkermodells folglich aus 11 Rotationsachsen.

Aus der Roboterkinematik (siehe [HEIS 86]) ist bekannt, daß ein frei im Raum beweglicher Körper den Freiheitsgrad $f = 6$ besitzt. Als Freiheitsgrad wird

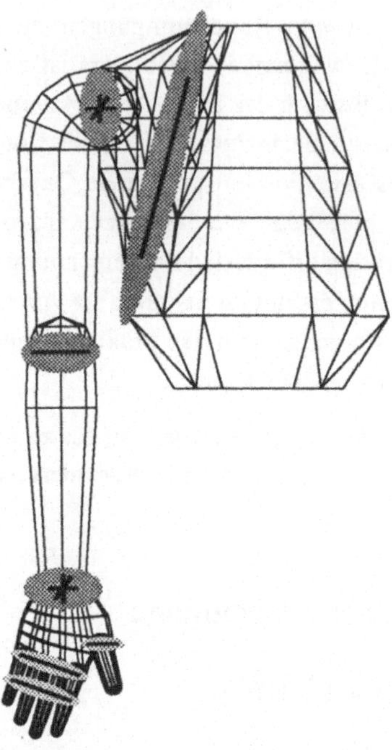

Bild 4-5:   Gelenkachsen des Werkermodells (rechtes Hand-Arm-System)

hierbei die Anzahl der möglichen unabhängigen Bewegungen eines starren Körpers gegenüber einem Bezugssystem bezeichnet. Zur Beschreibung des Freiheitsgrades von kinematischen Ketten kann der Freiheitsgrad des letzten Elementes der Kette herangezogen werden. Besteht eine Kinematik wie hier das Hand-Arm-System aus mehr als 6 unabhängigen Achsen, so können zu einer bestimmten Haltung des vordersten Kettengliedes beliebig viele Gelenkwinkelkombinationen gefunden werden. Die Anzahl der Achsen einer derartigen Kinematikkette wird als Getriebefreiheitsgrad F bezeichnet. Ist nun der Getriebefreiheitsgrad F größer als der Freiheitsgrad f, so können nur f verschiedene Achswerte (Gelenkvariablen) durch explizite Lösungsformeln abhängig von den restlichen F-f Gelenkvariablen bestimmt werden. Zur Bestimmung der restlichen F-f Gelenkvariablen müssen geeignete Randbedingungen herangezogen werden. Daraus wird deutlich, daß der Aufwand zur Durchführung der Rückwärtsrechnung mit wachsender Anzahl der Achsen zunimmt. Zudem verläßt man mit jeder zusätzlichen Achse immer mehr den Weg der exakten mathematischen Zusammenhänge und begibt sich zur Formulierung der Randbedingungen auf das allgemeingültig und analytisch nur schwierig zu beschreibende Gebiet der Biomechanik. Denn wie bereits erwähnt, müssen aufgrund des menschlichen Vorbilds die Randbedingungen vor einem biomechanischen Hintergrund gewählt werden. Auch aufgrund der angestrebten kurzen Antwortzeiten erscheint es deshalb sinnvoll, die Anzahl der zu betrachtenden Gelenke zu reduzieren - in Frage kommen hierfür die Gelenke an den Systemgrenzen.

Da für aufbauende Funktionalitäten eine Einbeziehung von Bewegungen des Oberkörpers nicht ausgeschlossen werden darf, soll die Schulterblattachse in der zu betrachtenden Kinematikkette belassen werden. Aus diesem Grund muß am anderen Ende der Kinematikkette angesetzt werden. Dabei ist festzustellen, daß beim Greifen von Objekten in der Regel der Handkörper das relevante Element der kinematischen Kette darstellt. Deshalb erscheint es für die hier benötigte Rücktransformation zulässig, die Achsen des Daumens und der restlichen vier Finger unberücksichtigt zu lassen.

Somit verbleiben für die zu untersuchende Kinematikkette 8 Achsen beginnend mit dem Schulterblattgelenk bis einschließlich des Handgelenks. Dies führt aber dazu, daß ein bekannter Algorithmus zur automatischen Generierung von Rücktransformationen [MEHN 90] hier nicht verwendet werden kann. Denn dieser ist nur bis zu einem Getriebefreiheitsgrad 6 einsetzbar. Deshalb sind im folgenden eigene Entwicklungen erforderlich.

4.4.2.2 Prinzipieller Lösungsansatz

Durch die Festlegung der zu betrachtenden Kinematikkette ergibt sich gemäß obigen Ausführungen ein Getriebefreiheitsgrad $F = 8$. Unter Berücksichtigung des Freiheitsgrades f kann der Grad der Unterbestimmtheit berechnet werden:

$$F - f = 8 - 6 = 2$$

Dies bedeutet, daß insgesamt zwei Gelenkvariablen über noch zu bestimmende Randbedingungen festgelegt werden müssen (Bild 4-6). Diese beiden Gelenkvariablen werden im folgenden als freie Gelenkvariablen bezeichnet (siehe hierzu und zu den folgenden Ausführungen auch [HEIS 91]). Die Bezeichnung ergibt sich daraus, daß die Achswerte dieser Gelenke bei einer vorgegebenen Handstellung in einem gewissen Rahmen frei wählbar sind und ihr Einfluß auf die Handstellung durch die restlichen Gelenke trotzdem wieder ausgeglichen werden kann.

Die Festlegung dieser beiden freien Gelenkvariablen kann sehr leicht anschaulich erfolgen. Geht man von einer vorgegebenen und festen Haltung der Hand aus, so kann man die verbleibenden Beweglichkeiten in zwei Gruppen aufspalten. Eine Variationsmöglichkeit ergibt sich über eine gekoppelte Bewegung des Schulterblattgelenks und des Ellbogengelenks. Diese beiden Gelenke werden aus mathematischen Gründen (vgl. Abschnitt 4.4.2.5) als "Distanzgelenke" bezeichnet. Betrachtet man nun auch dieses Gelenkpaar als fixiert, so verbleibt eine letzte Beweglichkeit: die Rotation des Ellbogens um eine gedachte Achse durch Hand- und Schultergelenk - jedoch ohne Veränderung des Gelenkwertes des eigentlichen Ellbogengelenks oder des Schulterblattgelenks. Die Bewegung um diese fiktive Achse wird im folgenden als "Ellbogenrotation" bezeichnet. Somit erhalten wir als die beiden freien Variablen:

- eine Gelenkvariable aus der Gruppe
  "Schulterblattgelenk, Ellbogengelenk" (Distanzgelenke) und

- eine Gelenkvariable aus der Gruppe
  "Handgelenkachsen, Schultergelenkachsen"
  (bzw. als quasi-freie Variable die Ellbogenrotation).

Aufbauend auf diesen beiden freien Gelenkvariablen sind die restlichen sechs Gelenkvariablen aus der vorgegebenen Zielposition und -orientierung über mathematische Zusammenhänge berechenbar. In den folgenden Abschnitten soll nun dargestellt werden, wie aufbauend auf den allgemeinen Grundlagen der Roboterkinematik unter Einbeziehung der modellspezifischen Eigenheiten die zur Lösung erforderlichen Algorithmen abgeleitet werden können.

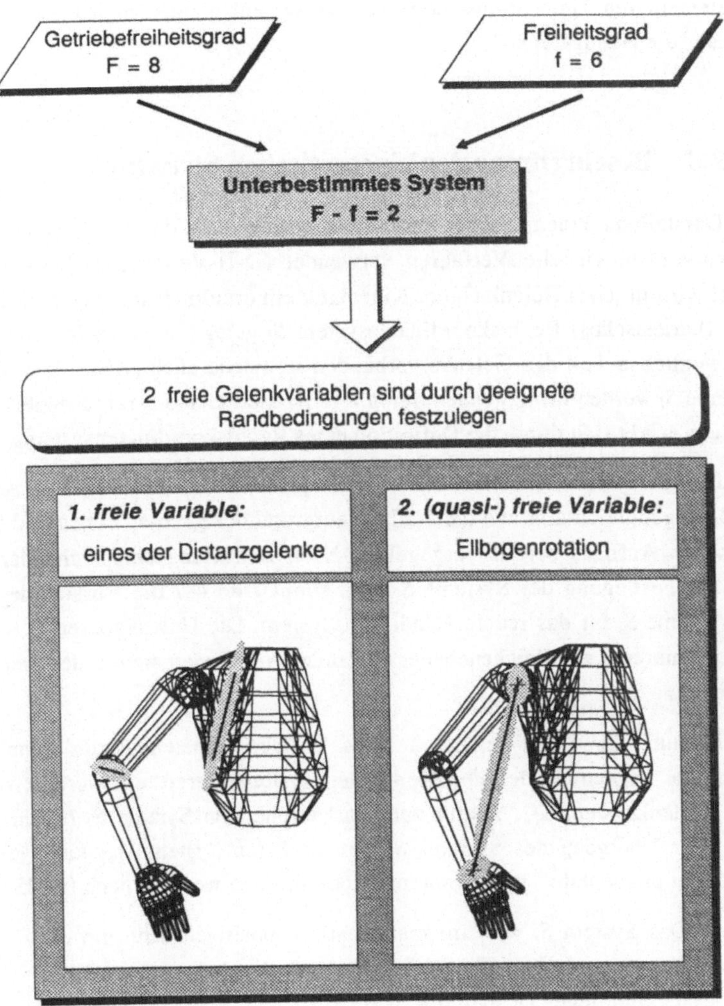

Bild 4-6:   *Festlegung der freien Gelenkvariablen*

Dabei wird in den weiteren Ausführungen der Begriff "Gelenk" gemäß den Konventionen der (Roboter-)Kinematik verwendet - d.h. zur Bezeichnung eines elementaren Translations- oder Rotationsgelenkes (aus "dem Handgelenk" wird so "die Handgelenke").

4.4.2.3   Beschreibung der kinematischen Struktur

Zur Darstellung kinematischer Strukturen wird häufig das von Denavit und Hartenberg entwickelte Verfahren verwendet (D-H-Verfahren) [DENA 55]. Dabei wird in jedes Gelenk G_i der Kinematik ein dreidimensionales rechtwinkliges (kartesisches) Rechtskoordinatensystem S_i gelegt, welches fest mit dem unbeweglichen Teil des Gelenks verbunden ist (siehe auch [HEIS 86]). Diese Systeme S_i werden im folgenden durch ihre Achsen x_i und z_i repräsentiert - die Achse y_i ergibt sich durch die Definition eines Rechtskoordinatensystems.

Für das verwendete Werkermodell sind für jedes Gelenk die Lage der Achse, die Bewegungsrichtung und die Nullage aufgrund des geometrischen und kinematischen Aufbaus bereits vorgegeben. Nach Beachtung entsprechender Regeln zur Festlegung der Systeme S_i zeigt somit Bild 4-7 die Nullage der Gelenksysteme S_i für das rechte Hand-Arm-System. Die Gelenkachsen z_3 und z_7 stehen senkrecht zur Zeichenebene, alle anderen befinden sich in der Zeichenebene.

Die Haltung der Hand bezüglich eines Basiskoordinatensystems kann nun durch eine Verkettung der einzelnen Gelenksysteme dargestellt werden, wobei jedes Gelenksystem S_{i+1} relativ zum vorhergehenden System S_i beschrieben wird. Der Übergang des Systems S_i zum nächsten System S_{i+1} kann jeweils durch vier elementare Transformationen beschrieben werden (nach [HEIS 86]):

I.   Das System S_i wird im mathematisch positiven Sinn um die Achse z_i mit dem Winkel δ_i rotiert, bis die Achsen x_i und x_{i+1} parallel liegen (Rotation $R(z_i, \delta_i)$).

II. Der Koordinatenursprung des Systems S_i wird entlang der Achse z_i um den Wert h_i bis zum Schnittpunkt der Achsen z_i und x_{i+1} verschoben (Translation $T(z_i, h_i)$).

III. Der neue Koordinatenursprung von S_i wird entlang der Achse x_{i+1} um den Wert l_i bis zum Ursprung des Systems S_{i+1} verschoben (Translation $T(x_{i+1}, l_i)$).

IV. Das System S_i wird im mathematisch positiven Sinn um die Achse x_{i+1} mit dem Winkel α_i bis zur Deckung der Achsen z_i und z_{i+1} gedreht (Rotation $R(x_{i+1}, \alpha_i)$).

Die Elemente des zur Definition des jeweiligen Gelenkübergangs ausreichenden Vierer-Tupels (δ_i, h_i, l_i, α_i) werden dabei als D-H-Parameter bezeichnet.

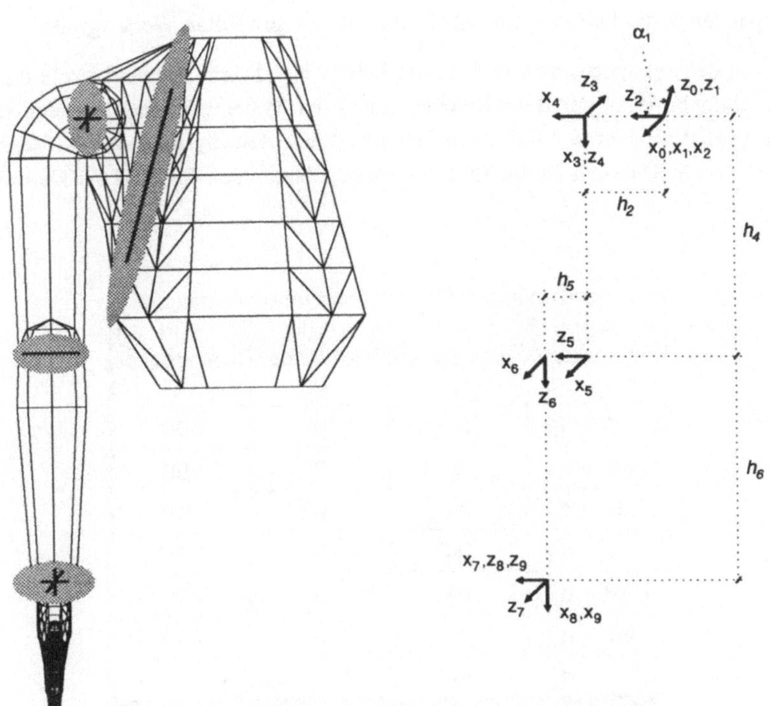

Bild 4-7: Lage der Gelenksysteme (rechtes Hand-Arm-System)

Da das Schulterblattgelenk die erste zu berücksichtigende Achse darstellt, ist das Basissystem S_0 oberkörperfest zu wählen. Zudem wird es willkürlich identisch dem System S_1 definiert, um möglichst triviale D-H-Parameter zu erhalten. Analog kann das beliebige, jedoch aus Gründen der vollständigen Beschreibbarkeit erforderliche System S_9 in der Nullage identisch dem System S_8 gewählt werden, so daß sich die einfachsten D-H-Parameter $(\delta_8,0,0,0)$ ergeben. Aufgrund dieser Überlegungen erhält man für das rechte Hand-Arm-System des Werkermodells die in Bild 4-8 dargestellten D-H-Parameter. Dabei sind mit d_i jetzt bereits die Gelenkvariablen bezeichnet. Die Korrekturen mit $\pm 90°$ gegenüber dem D-H-Parameter δ_i sind erforderlich, um die Übereinstimmung mit den bestehenden Gelenkdefinitionen und -werten des Werkermodells beizubehalten. Die Konstanten α_1, h_2, h_4, h_5 und h_6 sind größenspezifische Geometriedaten, das heißt sie sind abhängig von der gewählten Werkergröße.

Durch den symmetrischen Aufbau der beiden Hand-Arm-Systeme sowie durch die einfache Wahl der Basissysteme S_0 und der Systeme S_9 unterscheiden sich die D-H-Parameter des linken und rechten Hand-Arm-Systems nur im Vorzeichen von h_i. Dadurch ist die Möglichkeit gegeben, einen Großteil der Lösungs-

δ_i [°]	h_i [mm]	l_i [mm]	α_i [°]
d_1	0	0	α_1
$-90 + d_2$	h_2	0	$+90$
$+90 + d_3$	0	0	$+90$
$-90 + d_4$	h_4	0	-90
d_5	h_5	0	$+90$
$+90 + d_6$	h_6	0	$+90$
$+90 + d_7$	0	0	$+90$
d_8	0	0	0

Bild 4-8:   D-H-Parameter für das rechte Hand-Arm-System

algorithmen gemeinsam für die Rückwärtsrechnung der beiden Hand-Arm-Systeme zu entwickeln.

4.4.2.4 Ermittlung der kinematischen Grundgleichung

Aufbauend auf der mathematischen Beschreibung der Kinematikkette sind in den folgenden Abschnitten die genauen analytischen Zusammenhänge zwischen einer vorgegebenen Haltung der Hand und den Werten der Gelenkvariablen d_i herzuleiten. Zur Beschreibung der erforderlichen Koordinatentransformationen wird dabei die Darstellungsart der homogenen 4·4-Matrizen in Form von Spaltenmatrizen verwendet. Bezüglich der mathematischen Grundlagen sei auf die Standardliteratur verwiesen (z.B. [BRON 89, ZURM 84]). Ebenso werden entsprechende grundlegende Arbeiten für die Beschreibung von Kinematikstrukturen herangezogen [HEIS 85, HEIS 86, HEIS 86a, TAUB 90].

So können nach dem D-H-Verfahren zur Beschreibung der einzelnen Gelenkübergänge die vier elementaren Transformationen zunächst zusammengefaßt werden. Mit

$$Z_i = R(z_i,\delta_i) \cdot T(z_i,h_i) \tag{4.1}$$

$$X_{i+1} = T(x_{i+1},l_i) \cdot R(x_{i+1},\alpha_i) \tag{4.2}$$

ergeben sich die beiden Transformationsmatrizen zu

$$Z_i = \begin{pmatrix} cos(\delta_i) & -sin(\delta_i) & 0 & 0 \\ sin(\delta_i) & cos(\delta_i) & 0 & 0 \\ 0 & 0 & 1 & h_i \\ 0 & 0 & 0 & 1 \end{pmatrix} \tag{4.3}$$

$$X_{i+1} = \begin{pmatrix} 1 & 0 & 0 & l_i \\ 0 & cos(\alpha_i) & -sin(\alpha_i) & 0 \\ 0 & sin(\alpha_i) & cos(\alpha_i) & 0 \\ 0 & 0 & 0 & 1 \end{pmatrix} \tag{4.4}$$

Der Übergang vom System S_i zum System S_{i+1} kann so mit folgender Gleichung beschrieben werden:

$$S_{i+1} = S_i \cdot Z_i \cdot X_{i+1} \tag{4.5}$$

Bei Verwendung des Begriffes "Übergangsmatrix" ($= D_{i,i+1}$) für $Z_i \cdot X_{i+1}$ erhält man folgende verkürzte Darstellung:

$$S_{i+1} = S_i \cdot D_{i,i+1} \tag{4.6}$$

In Bild 4-9 sind die relevanten Bereiche (Anfang und Ende) der zu betrachtenden kinematischen Kette mit den Gelenksystemen sowie den entsprechenden Transformationsmatrizen dargestellt. Die von Gelenkwerten unabhängige Transformation C beschreibt dabei den Übergang vom System S_9 zu einem vom Benutzer frei wählbaren System S_W. Die Einbeziehung dieser Transformation C und damit eine mögliche Verlagerung des relevanten Handsystems ist für die spätere Realisierung bestimmter Benutzerfunktionen erforderlich. Die Matrix W stellt schließlich die Zielmatrix der Rückwärtsrechnung dar.

Damit läßt sich die Haltung der Hand (inklusive der Transformation C) bezüglich des Inertialsystems I mit folgender Gleichung beschreiben:

$$S_W = S_0 \cdot D_{0,1} \cdot D_{1,2} \cdot \ldots \cdot D_{7,8} \cdot D_{8,9} \cdot C =$$
$$= S_0 \cdot \left(\prod_{i=0}^{8} D_{i,i+1} \right) \cdot C \tag{4.7}$$

Aufgrund der Wahl von $S_0 = S_1$ (siehe Abschnitt 4.4.2.3) wird $D_{0,1}$ identisch der Einheitsmatrix. Deshalb vereinfacht sich Gleichung (4.7) zu

$$S_W = S_0 \cdot \left(\prod_{i=1}^{8} D_{i,i+1} \right) \cdot C \tag{4.8}$$

Durch Zusammenfassen von S_W aus Gleichung (4.8) mit den konstanten Matrizen S_0 und C erhält man folgenden Zusammenhang:

$$\prod_{i=1}^{8} D_{i,i+1} = W \tag{4.9}$$

$$\text{mit} \quad W = S_0^{-1} \cdot S_W \cdot C^{-1}$$

Diese Form der Beschreibung einer Kinematikkette wird als kinematische Grundgleichung bezeichnet [HEIS 86a]. Da die Übergangsmatrizen $D_{i,i+1}$ als

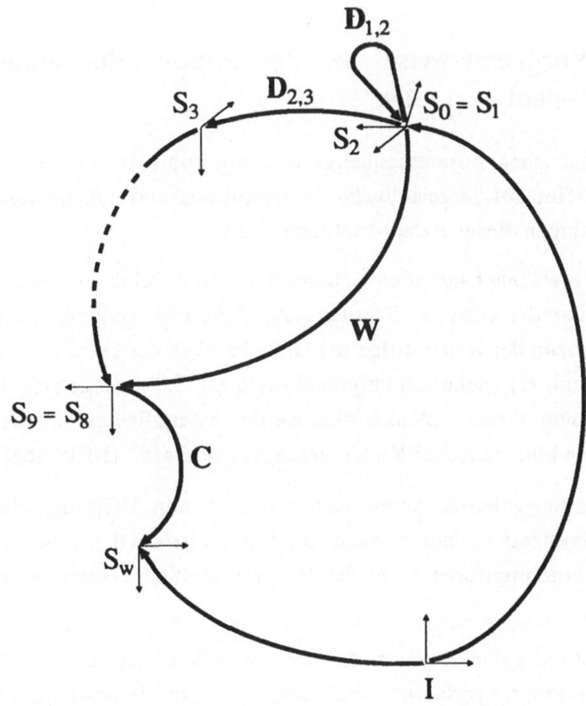

Bild 4-9:   Darstellung der Koordinatensysteme und Matrizen

Produkt von Z_i und X_{i+1} nur von den D-H-Parametern, d.h. von der Modellgeometrie und den Gelenkwinkelstellungen abhängen, stellt die Gleichung (4.9) die Abhängigkeit der Zielmatrix W von den einzelnen Winkelwerten d_i der Gelenke dar.

Aufgabe der zu konzipierenden Rücktransformation ist es nun, zu einer vorgegebenen Haltung der Hand (und damit zu einer vorgegebenen Zielmatrix W) diejenigen Gelenkwinkelwerte zu ermitteln, mit denen diese Haltung erreicht werden kann. Ausgangspunkt für die entsprechenden Lösungsalgorithmen ist dabei stets die kinematische Grundgleichung (4.9). Durch die unterschiedliche Wahl von Bezugs- und Zielsystemen können dabei verschiedene Modifikationen dieser Gleichung (kurz: Ansätze) herangezogen werden.

4.4.2.5 Vorgehensweise zur Bestimmung der ersten freien Gelenkvariablen

Die mathematischen Zusammenhänge und Algorithmen werden im folgenden teilweise vereinfacht dargestellt, da die detaillierte und vollständige Beschreibung den Rahmen dieser Arbeit sprengen würde.

Wie bereits erwähnt, handelt es sich bei der ersten freien Gelenkvariablen um ein Gelenk aus der Gruppe "Schulterblattgelenk/Ellbogengelenk". Diese werden entsprechend der Reihenfolge der Gelenke G_i in der betrachteten kinematischen Kette mit G_1 (Schulterblattgelenk) und G_5 (Ellbogengelenk) bezeichnet. Zur Bestimmung dieser Gelenkwinkel werden zwei allgemeine Aussagen über Eigenschaften kinematischer Ketten herangezogen (nach [HEIS 86a]):

I. Rotationsgelenke, deren Achsen durch den Ursprung eines Zielsystems verlaufen, haben die Eigenschaft, daß sie zwar die Orientierung, aber nicht die Position des Zielsystems verändern.

II. Rotationsgelenke, deren Achsen durch den Ursprung des Bezugssystems verlaufen, verändern zwar die Zielposition, aber nicht den Abstand zwischen den Ursprüngen des Bezugssystems und des Zielsystems.

Der Begriff "Zielsystem" bezeichnet hierbei nach [HEIS 86] das letzte Koordinatensystem auf der linken Gleichungsseite des jeweiligen Ansatzes. Aus obigen Aussagen wird deutlich, daß deshalb den zugrundegelegten Bezugs- und Zielsystemen entscheidende Bedeutung zukommt. Zur Herleitung einer Beziehung zwischen d_1 und d_5 wird die kinematische Grundgleichung (4.9) deshalb so umgeformt, daß der Ursprung des Zielsystems im Schnittpunkt der Handachsen z_6, z_7 und z_8 liegt. Dadurch werden die Gelenkvariablen d_6, d_7 und d_8 aus den drei Positionsgleichungen eliminiert. Zudem wird der Ursprung des Bezugssystems in den Schnittpunkt der drei Schulterachsen z_2, z_3 und z_4 gelegt. Damit wird erreicht, daß in der Abstandsgleichung (Bestandteile: Positionselemente der Matrizen) auch die Gelenkvariablen d_2, d_3 und d_4 nicht vorkommen. Mit der konkreten Wahl von S_3 als Bezugssystem und S_8 als Zielsystem ergibt sich nach Umformung von Gleichung (4.9) folgender Zusammenhang:

$$\prod_{i=3}^{7} D_{i,i+1} \ = \ D_{2,3}^{-1} \cdot D_{1,2}^{-1} \cdot W \cdot D_{8,9}^{-1} \qquad \text{oder kurz} \qquad A = B \qquad (4.10)$$

Damit kann die Abstandsgleichung wie folgt dargestellt werden:

$$A[1,4]^2 + A[2,4]^2 + A[3,4]^2 \ = \ B[1,4]^2 + B[2,4]^2 + B[3,4]^2 \qquad (4.11)$$

wobei $A[i,k]$ und $B[i,k]$ die Matrixelemente darstellen (Zeilenindex i, Spaltenindex k). Diese Matrixelemente können durch Ausmultiplizieren der linken und rechten Seite von Gleichung (4.10) ermittelt werden. In Gleichung (4.11) eingesetzt ergibt sich so:

$$h_6^2 + 2 \cdot \cos(d_5) \cdot h_4 \cdot h_6 + h_5^2 + h_4^2 = \qquad (4.12)$$

$$\begin{aligned}
= \ & W[1,4]^2 + W[2,4]^2 + W[3,4]^2 + h_2^2 \\
& - 2 \cdot W[1,4] \cdot \sin(\alpha_1) \cdot \sin(d_1) \cdot h_2 \\
& + 2 \cdot W[2,4] \cdot \sin(\alpha_1) \cdot \cos(d_1) \cdot h_2 \\
& - 2 \cdot W[3,4] \cdot \cos(\alpha_1) \cdot h_2
\end{aligned}$$

Da die Matrix W vorgegeben wird und die D-H-Parameter h_6, h_4, h_5, h_2 und α_1 größenspezifische Konstanten des Werkermodells darstellen, ist durch diese Form der Abstandsgleichung ein funktionaler Zusammenhang zwischen den Gelenkvariablen d_1 und d_5 gegeben (daher die Bezeichnung "Distanzgelenke"). Gleichung (4.12) läßt sich somit in verkürzter Form wie folgt darstellen:

$$d_5 = \Phi_D\,(d_1) \qquad bzw. \qquad d_1 = \Phi_D^{-1}\,(d_5) \tag{4.13}$$

Aus dieser Gleichung kann eine der Variablen (d_1 oder d_5) als freie Gelenkvariable gewählt und die andere abhängig davon berechnet werden. Aufgrund der mechanischen Beschränkung von d_5 auf den Winkelbereich $\Omega_5 = [\,0°,\,140°\,]$ kann dabei zu einem gewählten Wert für d_1 der zugehörige Wert für d_5 eindeutig bestimmt werden. Diese Eindeutigkeit der Lösung ist im umgekehrten Fall nicht gegeben, da hier stets mindestens zwei Lösungsvarianten existieren. Deshalb ist es sinnvoll, die Schulterblatt-Variable d_1 als freie Variable zu wählen.

Vor der anschließenden Wahl eines konkreten Wertes für d_1 ist es aufgrund der Erfordernis einer gesamtheitlichen Lösung für alle Gelenkvariablen von entscheidender Bedeutung, bereits an dieser Stelle auch die Definitionsbereiche der restlichen Gelenkvariablen zu berücksichtigen. Dazu muß der zulässige Definitionsbereich Ω_1 soweit eingeschränkt werden, daß zu jedem Gelenkwert aus diesem Bereich die abhängig zu berechnenden Gelenkwerte ebenfalls innerhalb ihrer zulässigen Winkelbereiche liegen. Für die freie Gelenkvariable d_1 ist dies über mathematische Zusammenhänge nur für ihre abhängige Variable d_5 möglich. Für die restlichen Gelenkvariablen ist es aufgrund der Variationsmöglichkeit der entsprechenden Lösungsalgorithmen nicht möglich, einen derartigen funktionalen Zusammenhang herzustellen. Deshalb wird hierfür ein geeignetes empirisches Verfahren verwendet (siehe Abschnitt 4.4.2.7).

Die freie Gelenkvariable d_1 muß also zunächst folgende Forderung erfüllen:

$$d_1 \in \Omega_1 \;\wedge\; d_1 \in \Omega_{1,5} \;\rightarrow\; d_1 \in \Omega_{1,15} = \Omega_1 \cap \Omega_{1,5} \tag{4.14}$$

$$\textit{wobei} \qquad \Omega_1 \quad : \textit{mechanisch zulässiger Bereich für } d_1$$
$$\qquad\qquad \Omega_{1,5} \;\; : \textit{Bereich für } d_1, \textit{ so daß } d_5 \in \Omega_5$$

Wie jeder Winkelbereich kann auch der relevante Bereich $\Omega_{1,15}$ aus mehreren Teilintervallen bestehen. Dabei ist anzumerken, daß der Funktionszusammenhang nach Gleichung (4.13) nicht über den gesamten Definitionsbereich pauschal umkehrbar ist und diese Beziehung deshalb jeweils für die einzelnen Teilbereiche des Definitionsbereiches gesondert zu betrachten ist.

Mit Hilfe der zugehörigen Gleichungen kann so der eingeschränkte Winkelbereich $\Omega_{1,15}$ ermittelt werden. Da d_1 eine der freien Gelenkvariablen darstellt, kann der explizite Wert für d_1 im Prinzip frei aus diesem Bereich gewählt werden. Unter Berücksichtigung der Tatsache, daß es sich hierbei um das Kinematikmodell eines menschlichen Hand-Arm-Systems handelt, sind jedoch auch biomechanische Überlegungen mit heranzuziehen.

Mögliche Wahlkriterien wären zum Beispiel die Minimierung sogenannter Gelenkwiderstände [KAMU 91], die Minimierung der potentiellen Energie der Gliedmaßen und die Minimierung der Änderung der Gelenkwinkelwerte. Letztere beiden wurden in einem ähnlich gelagerten Anwendungsfall eingesetzt [MENG 92], doch auch damit ergaben sich Abweichungen zwischen Simulationsmodell und realen Meßergebnissen. Zudem wurde durch die mit einem Probandenkollektiv durchgeführten Vergleichsmessungen deutlich, daß die Meßergebnisse auch zwischen den einzelnen Probanden zum Teil deutlich voneinander abweichen. Dies liegt sicher auch darin begründet, daß die individuellen Merkmale der Versuchspersonen (wie Geschlecht, Alter, körperliche Konstitution) nicht berücksichtigt wurden. Zudem wären in einem weiteren Schritt noch verschiedene andere Einflüsse mit einzubeziehen - wie zum Beispiel der von gehandhabten Lasten.

Doch bereits in [RAIK 92] wird die Vermutung geäußert, daß Zielkriterien im Zusammenhang mit biomechanischen Modellbildungen immer auch abhängig sind von den jeweiligen Bewegungsabläufen, d.h. nicht allgemeingültig formuliert werden können. Zudem ist nach [SEID 92] eine Bewegungsbahn auch immer von der am Zielpunkt geplanten Tätigkeit abhängig ("aktionsorientiert"), so daß eine Beschränkung auf oben beschriebene Zielkriterien nicht ausreichend ist.

Dadurch wird der Aufwand deutlich, der erforderlich wäre, um ein auch im Detail möglichst realistisches Modell für den zu simulierenden Bewegungsablauf zu erstellen - ohne jedoch gewährleisten zu können, daß es sich dabei um Ergebnisse handeln würde, die mit den Haltungen und Bewegungen übereinstimmen, welche später der reale Werker am Arbeitsplatz ausführt. Zudem wäre die Implementierung eines solchen Verfahrens mit einem großen Rechenaufwand je Bewegungschritt verbunden. Dies würde jedoch der Forderung widersprechen, daß dieses Planungswerkzeug im Hinblick auf die anwenderfreundliche Gestaltung kurze Interaktionszeiten gewährleisten soll.

Aufgrund all dieser Überlegungen wird im folgenden bewußt ein vereinfachter Ansatz für die Wahl der freien Gelenkvariablen d_1 vorgeschlagen, der vor allem unter praxisorientierten Gesichtspunkten sinnvoll erscheint: um im Hinblick auf die Abfolge mehrerer Haltungen einen möglichst gleichmäßigen Bewegungsablauf zu ermöglichen, wird zunächst versucht, den aktuellen Wert von d_1 beizubehalten, falls er innerhalb des Bereiches $\Omega_{1,15}$ liegt; ist dies nicht der Fall, so wird der Mittelwert aus dem größten Teilintervall des Winkelbereiches $\Omega_{1,15}$ gewählt, um somit für die weiteren Bewegungen einen möglichst großen Bewegungsspielraum dieses Gelenkes zu gewährleisten.

Damit ist die Bestimmung der ersten freien Variablen d_1 abgeschlossen. Die Vorgehensweise hierzu ist in Bild 4-10 zusammenfassend dargestellt. Nach der Auswahl des expliziten Wertes für die Gelenkvariable d_1 ist dann nach Gleichung (4.12) auch die Berechnung der abhängigen Variablen d_5 möglich.

4.4.2.6 Vorgehensweise zur Bestimmung der restlichen Gelenkvariablen

Sind für die Gelenke G_1 und G_5 mögliche Lösungen ermittelt, so verbleibt als letzte Bewegungsfreiheit des Hand-Arm-Systems die sogenannte Ellbogenrotation. Um nun auch diesen Freiheitsgrad zu fixieren, wird eine analoge Vorgehensweise gewählt, wie sie zur Bestimmung von d_1 verwendet wurde. Betrachtet man hierzu diese Ellbogenrotation zunächst ohne Beachtung der mechanischen Gelenkgrenzen, so kann man feststellen, daß jeweils ein Gelenk G_S (G_2 oder G_4) im Bereich der Schultergelenke und ein Gelenk G_H (G_6 oder G_8) aus dem Bereich der Handgelenke sich zyklisch um die eigene Achse drehen kann.

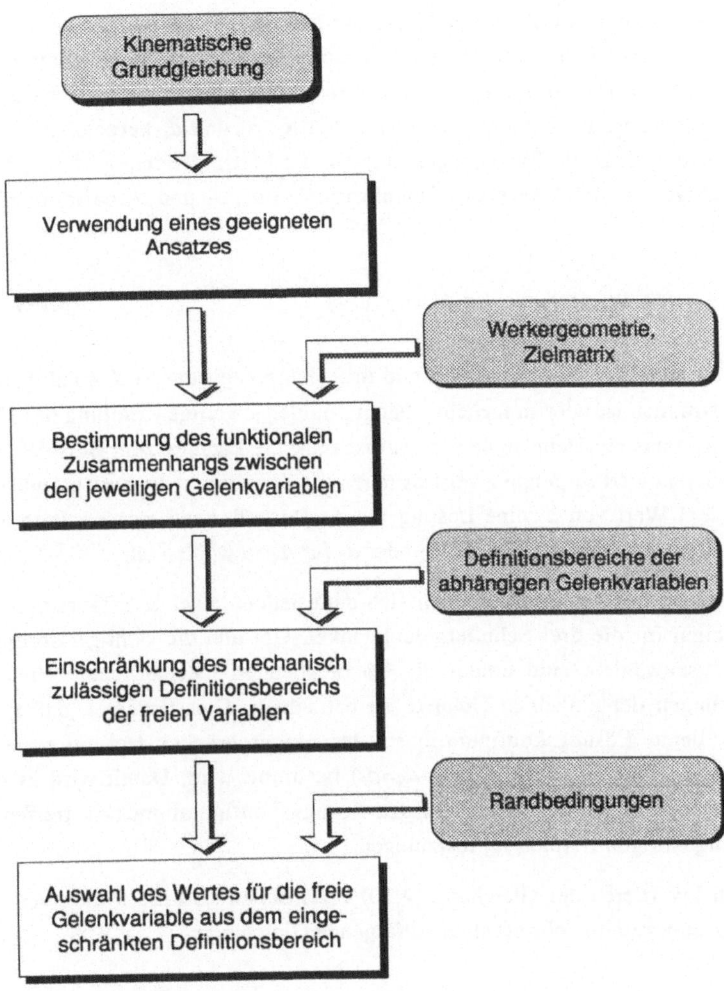

Bild 4-10:   *Vorgehensweise zur Bestimmung des Wertes für eine freie Gelenkvariable*

Mit einem dieser Gelenke als freie Variable kann folglich die Ellbogenrotation auch in Extremfällen beschrieben werden.

Zur Auswahl der zweiten freien Variablen und zur Bestimmung der Abhängigkeiten der restlichen Variablen wird zunächst im Bereich der Schultergelenke angesetzt. Denn da d_1 und d_5 bereits bekannt sind, kann damit ein funktionaler Zusammenhang der Schultergelenkvariablen d_2, d_3 und d_4 hergeleitet werden. Dies erfolgt über die Positionsgleichungen der Matrixgleichung (4.10), da gemäß obigen Ausführungen die Gelenkvariablen d_6, d_7 und d_8 darin nicht vorkommen:

$$A[j,4] = B[j,4] \quad mit \quad j \in \{1,2,3\} \tag{4.15}$$

Ob nun hierbei $d_S = d_2$ zu wählen und in Abhängigkeit davon d_4 (und dann d_3) zu bestimmen ist oder umgekehrt, hängt von der jeweiligen Haltung des Hand-Arm-Systems ab. Denn je nach der Ausgangslage kann es zum Beispiel zu jedem Gelenkwert d_4 genau zwei Lösungen für d_2 geben, jedoch nicht unbedingt zu jedem Wert von d_2 eine Lösung für d_4. Deshalb kann erst zur Programmlaufzeit entschieden werden, ob d_2 oder d_4 für d_S zu wählen ist.

Bei entsprechender Wahl ergeben sich dann jedoch zwei Konfigurationsmöglichkeiten für die drei Schultergelenkwinkel. Um nun die richtige Konfiguration auszuwählen, sind erneut die entsprechenden mechanischen Winkelbegrenzungen der einzelnen Gelenke zu betrachten. Dies bedeutet, daß für jeweils beide Lösungskonfigurationen der eingeschränkte Definitionsbereich $\Omega_S = \Omega_{4,234}$ (bzw. $\Omega_S = \Omega_{2,234}$ falls $d_S = d_2$) bestimmt wird. Damit wird es möglich, eine Entscheidung zwischen den Lösungskonfigurationen zu treffen und den zugehörigen Bereich Ω_S festzulegen.

Durch Invertieren der Gleichung (4.10) vertauschen sich die Rollen von Ziel- und Bezugssystem. Wir erhalten so folgende Gleichung:

$$\left(\prod_{i=3}^{7} D_{i,i+1} \right)^{-1} = (D_{2,3}^{-1} \cdot D_{1,2}^{-1} \cdot W \cdot D_{8,9}^{-1})^{-1} \tag{4.16}$$

Dadurch verschwinden die Schultergelenkvariablen d_2, d_3 und d_4 aus den Positionsgleichungen der Matrixgleichung. Somit ist nach demselben Verfahren wie im Bereich der Schultergelenke zur Handgelenkvariablen d_6 (oder d_8) die Menge $\Omega_H = \Omega_{6,678}$ (bzw. $\Omega_H = \Omega_{8,678}$) bestimmbar.

Wollte man nun d_S als reale zweite freie Variable wählen, so würde sich das gesamte Problem nach diesen Vorüberlegungen auf einen Lösungsalgorithmus reduzieren, der den Definitionsbereich Ω_S nochmals soweit einschränkt, daß sich auch der abhängig zu bestimmende Gelenkwert für d_H im Definitionsbereich Ω_H befindet. Bei der mathematischen Lösung dieser Aufgabe ergeben sich jedoch einige Probleme - nicht zuletzt in der Behandlung von Sonderfällen im Bereich der Schultergelenke. Deshalb wird auf einen anderen, anschaulicheren Lösungsweg zurückgegriffen: die direkte Vorgabe des Winkels der Ellbogenrotation als quasi-freie Variable.

Dazu wird gemäß Bild 4-11 ein Ellbogenrotationssystem S_E bezüglich des Systems S_2 wie folgt festgelegt: der Ursprung liegt im Schnittpunkt der drei

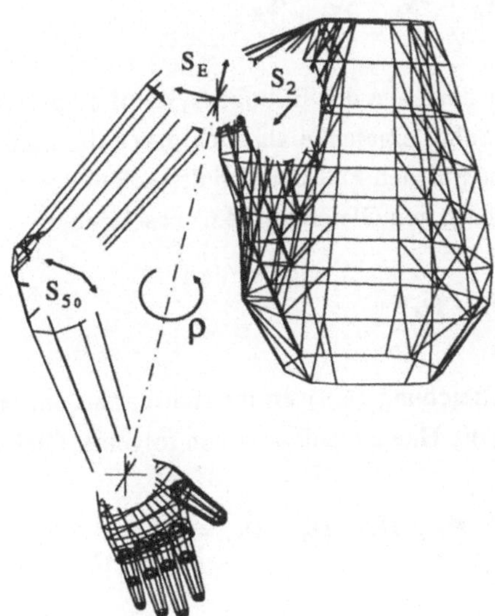

Bild 4-11:   Einführung der Ellbogenrotation als quasi-freie Variable

Schulterachsen und die imaginäre Bewegungsachse z_E verläuft durch die Schnittpunkte der Hand- und Schultergelenke. Die Richtung der Achse wurde entsprechend der Regel festgelegt, daß Bewegungen, die den Arm vom Körper wegführen, als positive Bewegungsrichtung definiert sind. Der Vektor x_E kann unter Berücksichtigung der Bedingungen $x_E \cdot z_E = 0$ und $|x_E| = 1$ beliebig gewählt werden. Daraus ergibt sich schließlich der Vektor y_E durch das Vektorprodukt $y_E = z_E \times x_E$.

Jede Stellung des Systems S_5 bezüglich des Systems S_2 kann nun durch eine Rotation einer (beliebigen) Nullage S_{5o} mit dem Winkel ρ bezüglich des Rotationssystems S_E ausgedrückt werden:

$$ {}^{S_2}S_5 \; = \; {}^{S_2}S_E \cdot R(z_E,\rho) \cdot {}^{S_2}S_E^{-1} \cdot {}^{S_2}S_{5o} \tag{4.17} $$

Folglich ist in umgekehrter Weise der Ellbogenrotationswinkel ρ aus folgender Gleichung zu bestimmen:

$$ R(z_E,\rho) = {}^{S_2}S_E^{-1} \cdot {}^{S_2}S_5 \cdot {}^{S_2}S_{5o}^{-1} \cdot {}^{S_2}S_E \tag{4.18} $$

Zudem kann aber die Lage des Ellbogensystems S_5 bezüglich S_2 sowohl durch die Stellung der Schultergelenke als auch durch die Stellung der Handgelenke bestimmt werden. Für den Fall der Schultergelenke wird hierzu die Lage von S_5 unter Verwendung von Gleichung (4.6) beschrieben:

$$ {}^{S_2}S_5 = D_{2,3} \cdot D_{3,4} \cdot D_{4,5} \tag{4.19} $$

Zusammen mit Gleichung (4.9) ergibt sich daraus im Hinblick auf eine Beschreibung durch die Handgelenkvariablen folgende Gleichung:

$$ {}^{S_2}S_5 = D_{1,2}^{-1} \cdot W \cdot D_{8,9}^{-1} \cdot D_{7,8}^{-1} \cdot D_{6,7}^{-1} \cdot D_{5,6}^{-1} = $$

$$ = D_{1,2}^{-1} \cdot W \cdot \left(\prod_{i=5}^{8} D_{i,i+1} \right)^{-1} \tag{4.20} $$

Durch Einsetzen der Terme für S_5 aus den Gleichungen (4.19) bzw. (4.20) in Gleichung (4.18) und durch Ausnutzung der Abhängigkeiten der restlichen Hand- bzw. Schultergelenkvariablen von d_H bzw. d_S (siehe oben) kann der Ellbogenrotationswinkel ρ in Abhängigkeit von d_H und d_S beschrieben werden. Vereinfacht können diese Zusammenhänge wie folgt dargestellt werden:

$$\rho = \Phi_S\,(d_S) \quad bzw. \quad \rho = \Phi_H\,(d_H) \qquad (4.21)$$

Wie bereits oben beschrieben, können die zulässigen Definitionsbereiche Ω_S und Ω_H für d_S und d_H so bestimmt werden, daß jeweils auch alle anderen Schulter- bzw. Handgelenkswerte innerhalb ihrer zulässigen Bereiche liegen. Mit Hilfe der Funktionen Φ_S und Φ_H ist es nun möglich, den maximalen Bewegungsraum der Ellbogenrotation zu bestimmen, indem die Bereiche Ω_S und Ω_H auf die Bereiche $\Omega_{\rho,S}$ und $\Omega_{\rho,H}$ des Winkels ρ abgebildet werden.

Bildet man schließlich daraus die Schnittmenge, so erhält man den für den Ellbogenrotationswinkel ρ zulässigen Winkelbereich:

$$\Omega_{\rho,SH} = \Omega_{\rho,S} \cap \Omega_{\rho,H} \qquad (4.22)$$

Dabei ist zu beachten, daß es sich dabei durchaus auch um mehrere, nicht zusammenhängende Teilbereiche handeln kann. Aus diesem Bereich $\Omega_{\rho,SH}$ wird in Anlehnung an die Ausführungen in Abschnitt 4.4.2.5 der Mittelwert des größten Teilbereichs als konkreter Wert für ρ gewählt. Durch Verwendung der beschriebenen mathematischen Zusammenhänge zwischen der Ellbogenrotation und den Schulter- bzw. Handgelenkvariablen können damit auch die Winkelwerte d_2, d_3 und d_4 der Schulter sowie d_6, d_7 und d_8 der Hand berechnet werden.

4.4.2.7 Zusammenfassende Darstellung der Vorgehensweise

Damit sind nun ausgehend von einer vorzugebenden Zielmatrix W zur Beschreibung der gewünschten Haltung der Hand alle 8 Gelenkwinkel bestimmbar (Bild 4-12). Erreicht wurde dies im wesentlichen durch eine Vorgehens-

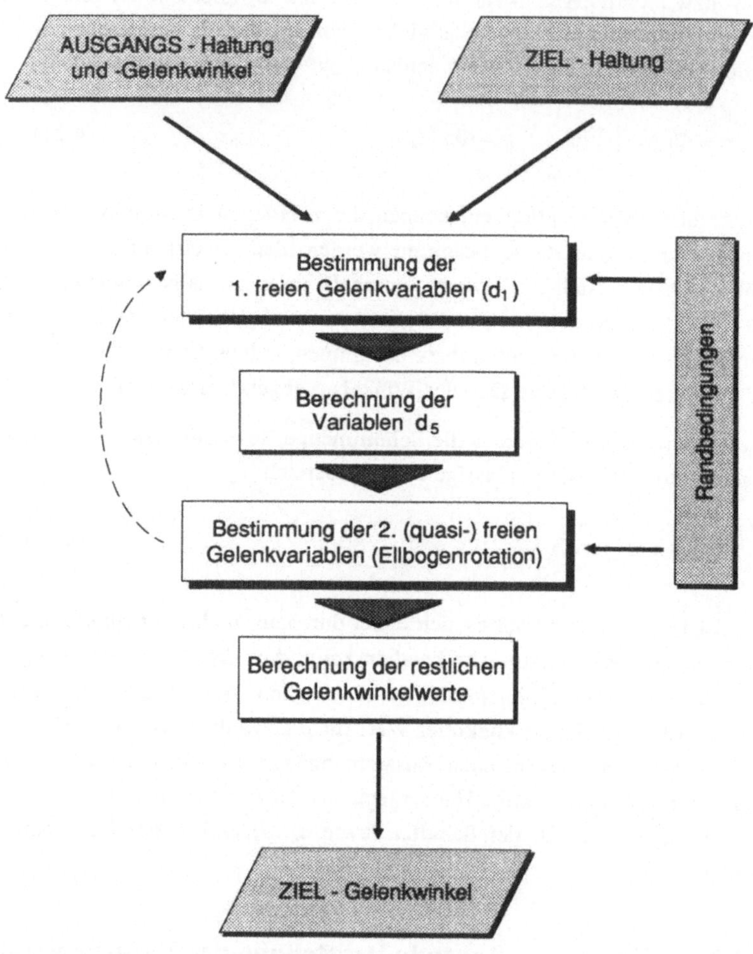

Bild 4-12:   *Prinzipielle Vorgehensweise bei der Hand-Arm-Rücktransformation*

weise, wie sie für die erste freie Variable d_l in Bild 4-10 dargestellt ist. Für die Bestimmung der zweiten freien Variablen wurde dieses Verfahren aus mathematischen Gründen zunächst auf Schulter- und Handgelenk getrennt angewendet und die Kopplung durch Wahl der Ellbogenrotation als quasi-freie Gelenkvariable realisiert.

In dem Fall, daß zu einem gewählten Wert für d_l kein zulässiger Wert für die Ellbogenrotation ρ berechnet werden kann, bietet sich eine weitere Möglichkeit, die vorgegebene Handhaltung trotzdem zu erreichen: durch die Einbeziehung der Oberkörperbeugung kann der Bewegungsspielraum der Hand zusätzlich erweitert werden. Konkret bedeutet dies, daß die Beugung des Oberkörpers ausgehend vom Istwert variiert wird und die Berechnung beginnend mit der Bestimmung von d_l erneut durchgeführt wird. Ist in der Folge ein zulässiger Wert für die Ellbogenrotation bestimmt, so können auch die restlichen Gelenkvariablen berechnet werden.

Anzumerken bleibt noch, daß bei der Entwicklung der beschriebenen Algorithmen auch die Forderung nach einer Flexibilität bezüglich der Anwendung für linkes und rechtes Hand-Arm-System sowie für verschiedene Größen des Werkermodells erfüllt werden konnte. Dies wird durch ein automatisches Ermitteln der jeweiligen D-H-Parameter aus der internen Datenstruktur des Werkermodells ermöglicht.

4.4.3 Beschreibung der Benutzerschnittstelle

In den vorangegangenen Abschnitten wurde der mathematische Kern der Rücktransformation für das Hand-Arm-System des Werkermodells entwickelt: die Algorithmen zur Bestimmung der zu einer vorgegebenen Haltung (d.h. der Zielmatrix W) passenden Gelenkwinkelwerte. Die sich dadurch bietenden Möglichkeiten können aber nur dann effektiv genutzt werden, wenn dem Planer als Benutzerschnittstelle leistungsfähige Funktionalitäten zur Vorgabe der jeweiligen Haltung zur Verfügung gestellt werden. Die Auswahl dieser Funktionalitäten (Bild 4-13) orientiert sich dabei an den vielfältigen Problemstellungen bei der Erstellung von Bewegungsabläufen in der Simulation.

Hierzu gehören zunächst geometrische Zuordnungsfunktionen, wie zum Beispiel für das Bewegen "Punkt-zu-Punkt" oder "Ebene-auf-Ebene". Dabei kann die Vorgabe der Zielhaltung auch über ein gegriffenes Objekt erfolgen. Die Routinen zur Bestimmung der jeweiligen Transformationsmatrix konnten hierfür teilweise von den entsprechenden Funktionalitäten zum Plazieren von Layoutelementen übernommen werden. Mit diesen Funktionen wird unter anderem das maßgenaue Fügen der verschiedenen Montageobjekte ermöglicht.

Zusätzlich ist es möglich, eine Hand mit jeweils einem Drehgeber bezüglich der Achsen eines beliebigen kartesischen Koordinatensystems zu bewegen. Dabei stehen jeweils drei Drehgeber für die Translationen und die Rotationen zur Verfügung. Als Koordinatensystem kann hier zum einen das frei bestimmbare, aber ortsfeste Benutzerkoordinatensystem gewählt werden, wodurch zum Beispiel das geradlinige Bewegen der Hand entlang der Kante einer Vorrichtung erleichtert wird. Zum anderen kann vom Benutzer ein objektfestes, sogenanntes Objektkoordinatensystem definiert werden. Dieses Koordinatensystem kann

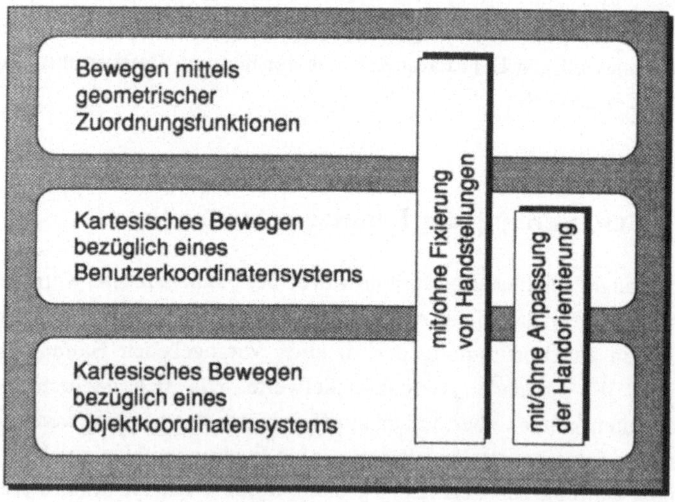

Bild 4-13:   Benutzer-Funktionalitäten für die Hand-Arm-Rücktransformation

an ein beliebiges Objekt des Layouts "angehängt" werden. Damit wird es ermöglicht, die Richtungen der Achsen dieses Koordinatensystems auch dann relativ zu einem Objekt (zum Beispiel einem gegriffenen Werkzeug) konstant zu halten, wenn dieses Objekt im Layout bewegt wird.

Zusätzlich können bei den aufgeführten Funktionen verschiedene Ausführungsmodi gewählt werden. Hierbei ist die Anpassung der Handorientierung bei einer kartesischen, translatorischen Bewegung zu nennen. Während im Normalfall bei einer derartigen Bewegung die Orientierung der Hand konstant gehalten wird, kann bei Aufhebung dieser Beschränkung eine Translation oft noch ausgeführt werden, die bei festgehaltener Handorientierung nicht mehr möglich gewesen wäre. Zum anderen können eine oder beide Handstellungen über entsprechende Parameter fixiert werden. Dies ist zum Beispiel dann erforderlich, wenn die linke Hand unter gleichzeitigem Vorbeugen des Oberkörpers ein Teil greifen soll und dabei die aktuelle Haltung der rechten Hand nicht verändert werden darf, da ein bereits positioniertes Objekt weiter festzuhalten ist. Daraus wird auch deutlich, daß die volle Leistungsfähigkeit erst durch die Einbeziehung auch der Oberkörperbewegung und durch die korrespondierende Kopplung von linkem und rechtem Hand-Arm-System ermöglicht wurde.

Durch Kombination der verschiedenen Funktionalitäten steht nun eine breite Palette von Werkzeugen zur Verfügung, um die Vorgabe praxisrelevanter Bewegungsabläufe im Bereich der Hand-Arm-Systeme wesentlich zu vereinfachen. Durch die Möglichkeit, diese Funktionalitäten auch gleichzeitig auf beide Hände anwenden zu können, kann dabei auch das Spektrum der Beidhandbewegungen abgedeckt werden (zum Beispiel Einlegebewegungen mit großen Bauteilen).

4.5   Generierung von Bewegungsmakros

4.5.1   Problemstellung und Lösungsansatz

Durch die exemplarisch beschriebene Entwicklung von Rücktransformationen für die verschiedenen Teilkinematiken ist die Vorgabe der einzelnen Haltungen wesentlich einfacher möglich. Es gibt jedoch auch umfangreiche Bewegungsfolgen, die in ähnlicher Form immer wieder auftreten. Für diese kann es bezüglich der aufzuwendenden Zeit noch nicht der optimale Weg sein, jede Einzelhaltung vorgeben zu müssen (Bild 4-14).

Betrachtet man derartige Klassen von Bewegungsfolgen etwas genauer, so stellt man fest, daß die Sequenzen innerhalb jeweils einer dieser Klassen einen prinzipiell ähnlichen Aufbau aus Einzelbewegungen aufweisen. Durch die Variation meist weniger Parameter ergeben sich - hinsichtlich der Beschreibung mit Gelenkwinkelwerten - trotzdem unterschiedliche Bewegungen. Die meist große Zahl der vorzugebenden Einzelbewegungen führt dann zu dem relativ hohen Zeitaufwand.

Um diesen Aufwand zu reduzieren, bietet sich der Ansatz an, diese Bewegungsfolgen nicht durch explizites Einstellen der einzelnen Haltungen sondern durch Vorgabe nur der wenigen variablen Parameter zu definieren. Darauf aufbauend sollte die eigentliche Bewegungssequenz dann automatisch erstellt werden. Voraussetzung hierfür ist die Möglichkeit, diese Bewegungen in gewisser Weise strukturieren und mit möglichst wenigen charakteristischen Größen parametrisieren zu können. Derartige Bewegungsfolgen sollen im folgenden mit dem Begriff "Bewegungsmakro" bezeichnet werden (siehe auch [PFRA 90]).

4.5.2   Vorgehensweise

Zur Entwicklung von Algorithmen zur automatischen Generierung derartiger Bewegungsmakros ist die jeweilige Klasse von Bewegungsfolgen zunächst detailliert zu strukturieren (Bild 4-15). Dazu muß eine Aufteilung in charakteri-

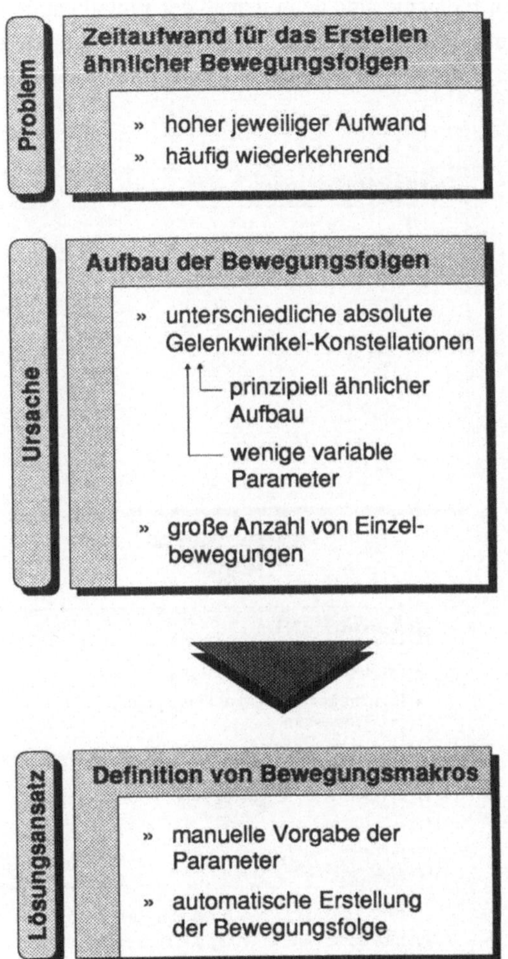

Bild 4-14: *Lösungsansatz zur Reduzierung der Planungszeit bei ähnlichen*
Bewegungsfolgen

stische Teilabschnitte und dann weiter in die jeweiligen Einzelbewegungen (Bewegungsbefehle: "MOVE ...") durchgeführt werden.

Die separierten Elemente sind dann gemäß der Einteilung in konstante und variable Bewegungsanteile zu klassifizieren. Die konstanten Anteile können direkt bezüglich Umfang und Ausprägung (Gelenkwinkelwerte) festgelegt wer-

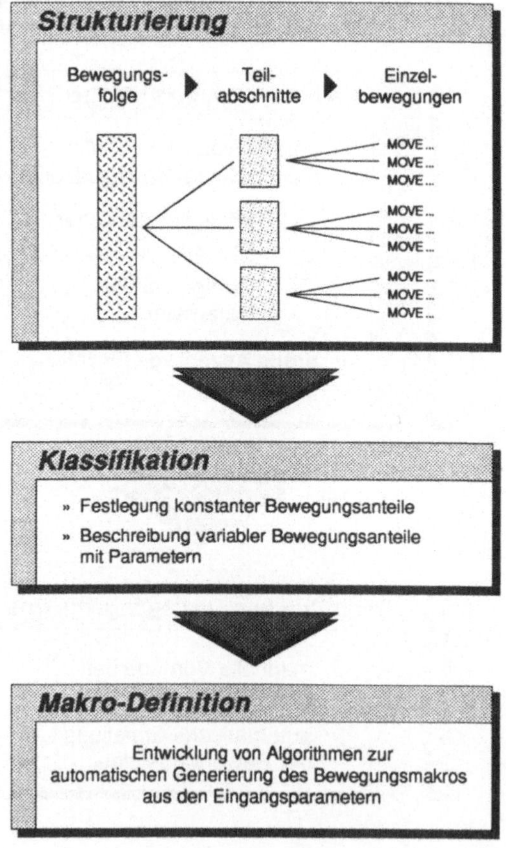

Bild 4-15:   *Vorgehensweise zur Parametrisierung von Bewegungsmakros*

den. Für die variablen Anteile sind die bestimmenden Parameter sowie die funktionale Beschreibung deren Einflußnahme zu ermitteln.

Nach diesen Voruntersuchungen können die entsprechenden Generierungsalgorithmen aufgestellt werden - gegebenenfalls unter Verwendung der entsprechenden Rücktransformationsalgorithmen. Dabei ist die gesamte Bewegungsfolge ausgehend von den Parameterwerten wieder aus den Bewegungsanteilen aufzubauen. Besonders wichtig ist es in diesem Zusammenhang, alle möglichen Kombinationen der Bewegungsanteile abzudecken.

Im folgenden Abschnitt soll die Anwendung dieser Vorgehensweise anhand einer exemplarischen Klasse von Bewegungsfolgen verdeutlicht werden.

4.5.3 Beispiel

Eine Klasse von Bewegungsfolgen, welche die aufgezeigten Voraussetzungen erfüllt, sind die Ortsveränderungen des Werkers im Raum (Gehen inklusive Körperdrehungen). Dabei handelt es sich um Bewegungsfolgen, die - soweit realistisch simuliert - aus vielen Einzelbewegungen aufgebaut sind und somit relativ viel Zeit zur Erstellung in Anspruch nehmen. Darüber hinaus sind diese Gesamtbewegungen aus immer wiederkehrenden Einzelbewegungen aufgebaut. In diesem Abschnitt soll folglich die Bewegung des Werkermodells zwischen zwei beliebigen in einer Ebene liegenden Punkten betrachtet werden.

Durch die Strukturierung der Gesamtbewegung erhält man folgende mögliche Teilabschnitte:

1. Anfangs-Drehung des Körpers,

2. ein oder mehrere Schritt(e) in gerader Linie,

3. Abschluß-Drehung des Körpers.

Die Drehungen sind erforderlich, um auch die Orientierungsänderungen des Werkers berücksichtigen zu können.

Anschließend werden diese Teilabschnitte wiederum in die zugrundeliegenden, simulationsgerechten Einzelbewegungen zerlegt. Dies ist in Bild 4-16 für das

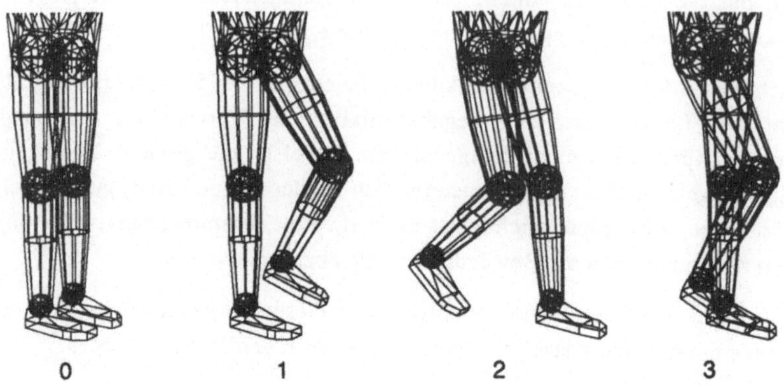

Bild 4-16:   Einzelbewegungen eines Schrittes

dem 2.Teilabschnitt zugeordnete Ausführen eines Schrittes dargestellt. Im Rahmen der Klassifizierung der Bewegungen können ausgehend von der Grundposition die Haltungen 1 und 3 bezüglich der Gelenkwinkelkonfigurationen als konstant aufgefaßt werden. Sie sind nur abhängig von der jeweiligen absoluten Position des Werkermodells im Raum. Dagegen ist die Haltung 2 auch bezüglich der Gelenkwinkelwerte variabel: sie ist abhängig von der Größe des jeweiligen Werkermodells und von der erforderlichen Schrittlänge. Die automatische Erstellung dieser Teilbewegung kann nur unter Zuhilfenahme der Rücktransformationsalgorithmen für die Fuß-Bein-Systeme erfolgen.

Analog können auch die Drehbewegungen analysiert werden. Als Einflußgrößen ergeben sich hier die gewünschten Drehrichtungen und die zugeordneten Drehwinkel. Somit ist es möglich, Algorithmen aufzustellen, mit deren Hilfe ausgehend von den Einflußgrößen

- Weglänge,

- Schrittlängen,

- Drehrichtungen,

- Drehwinkel

und unter Berücksichtigung der Größe des verwendeten Werkermodells diese Bewegungsfolgen aus parameterabhängigen Einzelbewegungen aufgebaut werden können.

Bezüglich der Benutzeroberfläche konnte eine zusätzliche Vereinfachung erzielt werden. Der Planer muß nicht alle oben angeführten Einflußgrößen explizit eingeben: er hat ausschließlich die neue Ziel-Position und -Orientierung des Werkermodells vorzugeben sowie das transportierte Gewicht einzugeben. Die Vorgabe des Gewichtes ist nötig, da ausgehend davon die Schrittlängen zu bestimmen sind [MTM 90]. Aufbauend auf diesen stark reduzierten Eingaben können die eigentlichen Parameter berechnet, die Abfolge der Einzelhaltungen automatisch generiert und die entsprechenden Bewegungsbefehle in das Bewegungsprogramm eingetragen werden.

Damit reduziert sich der Aufwand für das Erstellen einer solchen Bewegungsfolge von dem Einstellen und Abspeichern aller Einzelhaltungen auf die Vorgabe der Zielhaltung und des bewegten Gewichtes. Berücksichtigt man, daß eine derartige Bewegungssequenz auch in den einfachsten Fällen aus einer Vielzahl von Einzelhaltungen besteht (für das Gehen über ca. 3 m sind auch bei größtmöglicher Schrittgröße 10 Einzelhaltungen erforderlich), wird der Umfang der erzielten Zeitersparnis deutlich.

Analog zu der hier exemplarisch behandelten Klasse von Bewegungsfolgen kann die beschriebene Vorgehensweise zur Makrobildung auch für weitere Klassen angewandt werden und so zu einer zusätzlichen Reduzierung des Zeitaufwands für die Erstellung von Bewegungsabläufen führen.

4.6   Objektbezogene Beschreibung von Haltungen

4.6.1   Problemstellung und Lösungsansatz

Mit den beschriebenen Funktionalitäten - Rücktransformationen und Makrogenerierung - ist die erstmalige Erstellung von Bewegungsfolgen bereits relativ einfach und schnell möglich. Deshalb ist nun zu untersuchen, wie auch der Aufwand für die Anpassung bereits erstellter Bewegungsfolgen im Verlauf der Variation der Arbeitsplatzkonfiguration auf ein Minimum reduziert werden kann. Dazu sind zunächst die verschiedenen Ursachen für derartige Anpassungsarbeiten zu erfassen. Diese lassen sich grundsätzlich in zwei Gruppen gliedern (Bild 4-17).

Die erste Gruppe umfaßt die Tätigkeiten im Rahmen der echten Variation des Arbeitssystems. Untersucht man die hier denkbaren Variationsmöglichkeiten genauer, so kann man wiederum eine Zweiteilung feststellen. Zum einen gibt es die Möglichkeit, die Anordnung von Ausrüstungselementen im Layout zu verändern. Hierunter fällt das Umplazieren von einzelnen Greifbehältern, Fußpedalen u.a., aber auch das Umplazieren des gesamten Arbeitsplatzes (d.h. zum Beispiel des Arbeitstisches). Als Sonderfall bei Sitzarbeitsplätzen ist auch die Veränderung der Sitzhöhe zu berücksichtigen. Zum anderen kann man aber auch die Ausrüstungselemente unverändert lassen und die Grundhaltung des Werkermodells für Teile der Bewegungsfolge variieren. Dies tritt besonders auch dann auf, wenn man einen Vergleich zwischen den Auslegungen als Sitz- und Steharbeitsplatz durchführen möchte.

Die zweite Gruppe neben der Variantenplanung bildet die anthropometrische Überprüfung, d.h. die Verifikation eines geplanten Bewegungsablaufes mit einem Werkermodell einer anderen Größenstufe. Diese wird erforderlich aufgrund der Anforderung, ein Arbeitssystem so auszulegen, daß später an dem realen Arbeitsplatz verschieden große Frauen und Männer arbeiten können.

In all diesen Fällen können zur Anpassung der bestehenden Bewegungsabläufe die Funktionalitäten der Rücktransformationen eingesetzt werden. Obwohl dadurch bereits eine Reduzierung der erforderlichen Planungszeit möglich ist, stellt sich trotzdem die Frage, warum diese Anpassungsarbeiten überhaupt vom Planer durchgeführt werden müssen.

Die Ursache dafür, daß zum Beispiel nach dem Umplazieren des Zielobjektes eine manuelle Nachführung der Werkerhaltung erforderlich ist, liegt darin begründet, daß die entsprechende Haltung des Werkermodells durch die Angabe der 44 Gelenkwinkelwerte absolut im Raum definiert wird. Daraus wird bereits der Lösungsansatz für dieses Problem offenkundig: wenn für eine Haltung des Werkermodells (d.h. einer seiner Teilkinematiken) weniger die absolute Lage im Raum als vielmehr die Lage in Bezug auf ein Zielobjekt entscheidend ist, sollte diese Haltung nicht in absoluten Werten sondern relativ zu diesem Bezugsobjekt abgespeichert werden (siehe auch [WRBA 90]).

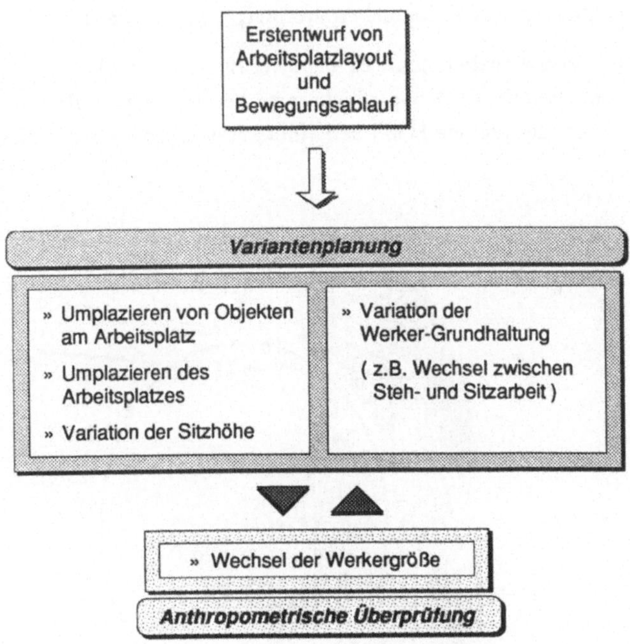

Bild 4-17:   *Mögliche Ursachen für Anpassungsarbeiten am Bewegungsprogramm*

Auf Basis dieses Ansatzes soll nun eine Lösung erarbeitet werden, mit der bei all den aufgeführten Anwendungsfällen der erforderliche manuelle Anpassungsaufwand weitgehend reduziert werden kann.

4.6.2 Entwicklung der Problemlösung

4.6.2.1 Grundkonzeption für die Variation der Anordnung von Ausrüstungselementen

Das Umplazieren von Layoutelementen stellt im Rahmen der Variantenplanung den häufigsten Fall dar. Deshalb soll daran auch das grundlegende Prinzip der objektbezogenen Haltungsbeschreibung erläutert werden.

Wie bereits oben erwähnt, muß es dabei ermöglicht werden, Haltungen des Werkermodells relativ zu Bezugsobjekten zu beschreiben. In Bild 4-18 ist dies an dem Beispiel der rechten Hand und einem beliebigen zu greifenden Bezugs-

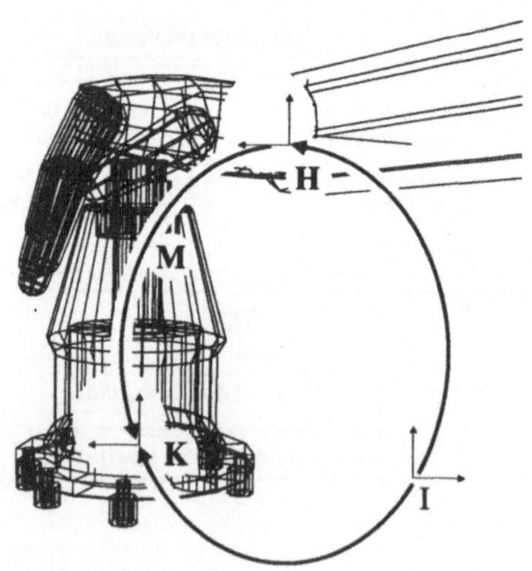

Bild 4-18:   *Darstellung der Relation zwischen Hand und Bezugsobjekt*

objekt dargestellt. Sowohl die Position und Orientierung des Handkörpers als relevantem Körperteil der entsprechenden Rücktransformation als auch die des Bezugsobjektes können durch die Lage jeweils eines charakteristischen, fest mit dem betreffenden Element verbundenen Koordinatensystems definiert werden. Das System der Hand wird mit der Matrix H, das des Bezugselementes mit der Matrix K beschrieben. Damit kann die Relativmatrix M aus der Beziehung

$$H \cdot M = K \qquad\qquad (4.23)$$

zu

$$M = H^{-1} \cdot K \qquad\qquad (4.24)$$

bestimmt werden.

Beim Abspeichern einer Haltung wird nun zusätzlich zu den absoluten Gelenkwinkelwerten auch dieser relative Bezug mit abgespeichert. Dies erfolgt derart, daß zugeordnet zu dem im Bewegungsbefehl verwendeten Namen der jeweiligen Zielhaltung in einer sogenannten Frame-Datei der Name des Bezugsobjektes und die Relativmatrix M eingetragen werden.

Wird die Position oder Orientierung des Bezugsobjektes verändert, so kann bei Ausführung des existierenden Bewegungsbefehls aus der Frame-Datei die Relativmatrix ausgelesen werden. Mit der neuen lagebeschreibenden Matrix K_{neu} des Bezugsobjektes und der Relativmatrix M kann die neue Lage des Handkörpers bestimmt werden. Diese bildet dann die Ausgangsbasis für die Durchführung der Rückwärtsrechnung des Hand-Arm-Systems, wodurch die zugehörigen absoluten Gelenkwinkelwerte bestimmt werden können. Vorausgesetzt, daß diese berechneten Winkelwerte innerhalb der Gelenkwinkelgrenzen liegen, ist somit nach dem Umplazieren des Bezugsobjektes keinerlei Anpassungsaufwand erforderlich.

Da sich in der Regel die rechte und die linke Hand sowie die beiden Füße zu verschiedenen Zielobjekten bewegen (Greifbehälter, Fußpedale u.a.), ist die beschriebene Vorgehensweise für jede dieser Teilkinematiken des Werkermodells, d.h. für das rechte und linke Hand-Arm-System sowie für das rechte und linke Fuß-Bein-System separat vorzusehen. In obiger Anforderungsermittlung werden jedoch auch Fälle aufgeführt (Umplazieren des gesamten Arbeitsplatzes, Verstellen der Sitzhöhe), in denen die Position des Werkerrumpfes angepaßt werden muß. Deshalb ist es erforderlich, dafür ebenfalls ein Bezugsobjekt (zum Beispiel den Arbeitstisch) und eine Relativmatrix angeben zu können. Dadurch wird es möglich, daß nach dem Umplazieren zum Beispiel dieses Arbeitstisches der Werker wieder automatisch die vorgegebene relative Lage zu diesem Tisch einnimmt.

Schließlich erscheint es noch angebracht - nicht zuletzt im Hinblick auf spätere Blickfeld-Untersuchungen -, auch die Kopfbewegung und somit die Blickrichtung des Werkermodells in dieses Verfahren einzubeziehen. Denn während des Bewegungsablaufes muß der Werker seinen Blick zumeist auf bestimmte Objekte im Layout richten. Wird ein solches Objekt umplaziert, so ist die Blickrichtung anzupassen. Dazu sind der Name des zu betrachtenden Objektes und die Koordinaten des expliziten Blickpunktes (bezüglich dieses Objektes) abzuspeichern.

In die Frame-Datei kann somit für jede der sechs Teilkinematiken - falls ein Bezugsobjekt definiert wurde - der Name des Bezugsobjektes und die mathematische Beschreibung des Bezugs eingetragen werden. Damit ist es möglich, die gesamte Haltung des Werkermodells nicht nur absolut mit den Gelenkwinkelwerten sondern auch relativ zu entsprechenden Bezugsobjekten zu beschreiben.

4.6.2.2 Erweiterung bezüglich der Variation der Grundhaltung von Bewegungsfolgen

Handelt es sich bei der Variation des Arbeitssystems jedoch nicht um das Umplazieren eines Layoutelementes, sondern wird die Grundhaltung einer Bewegungsfolge verändert, so ist die oben beschriebene Vorgehensweise nicht ausreichend. Deutlich wird dies am Beispiel des Wechsels von der Ausführung einer Tätigkeit im Stehen auf die Ausführung im Sitzen. Denn aufgrund der signifikant wechselnden Grundhaltung ändert sich auch der Bezug der Füße zu jedem Layoutelement. Die Beibehaltung eines definierten Bezuges zu einem dieser Objekte (Grundprinzip der objektbezogenen Haltungsbeschreibung) würde folglich zu einer fehlerhaften Anpassung der Haltung führen. Deshalb müßte in diesem Fall jede Einzelbewegung des gesamten Bewegungszyklus angepaßt und der Bezug neu definiert werden.

Aber auch hier hilft das Prinzip der relativen Haltungsbeschreibung weiter (Bild 4-19). Allerdings ist dazu für jede Teilkinematik nicht der Bezug zu einem Layoutelement (externes Bezugsobjekt) heranzuziehen, sondern der Bezug zu der jeweils letzten Haltung, d.h. zu der vorhergehenden Position und Orientierung eines Elementes der Teilkinematik (internes Bezugsobjekt; in der Regel letztes Element der kinematischen Kette).

Aufgrund der Abhängigkeit von der jeweils letzten Haltung erfolgt dabei die Eintragung der Relativmatrizen im Gegensatz zur Angabe der Bezugsobjekte erst nach Abschluß der Erstellung des Bewegungsprogramms. Zu dieser Vervollständigung der objektbezogenen Haltungsbeschreibung werden während der Durchführung eines kontinuierlichen Simulationslaufes - wo erforderlich - die verschiedenen Relativmatrizen zwischen den aufeinanderfolgenden Haltungen bestimmt und in die Frame-Datei eingetragen.

Einer der häufigsten Anwendungsfälle dieser Funktionalität wird es sein, daß ausgehend von einer Grund- oder Zwischenposition in bestimmten Teilkinematiken über mehrere folgende Bewegungen keine Haltungsänderung erfolgt. Um nun in diesem Fall den Eingabeaufwand für die Definition der Bezugsobjekte zu vermeiden, wird der Funktionsumfang oben erwähnter Vervollständigung der Relativbeschreibung erweitert. Immer dann, wenn bei einer Haltung einer Teilkinematik keine relative Änderung gegenüber der letzten Haltung erfolgte, wird dies automatisch erkannt und in die jeweilige Zeile der Frame-Datei ein entsprechendes Schlüsselwort eingetragen - und zwar ohne daß dazu vorher ein Bezugsobjekt definiert werden muß.

In dem Beispiel des Wechsels vom Stehen ins Sitzen würde es somit ausreichend sein, die erste Haltung der Bewegungsfolge anzupassen. Für alle folgenden Haltungen ist durch das angesprochene Schlüsselwort festgelegt, daß die Rumpf- und Bein-Haltungen gegenüber der jeweils vorhergehenden Haltung unverändert sind - unabhängig davon, wie diese vorhergehende Haltung aus-

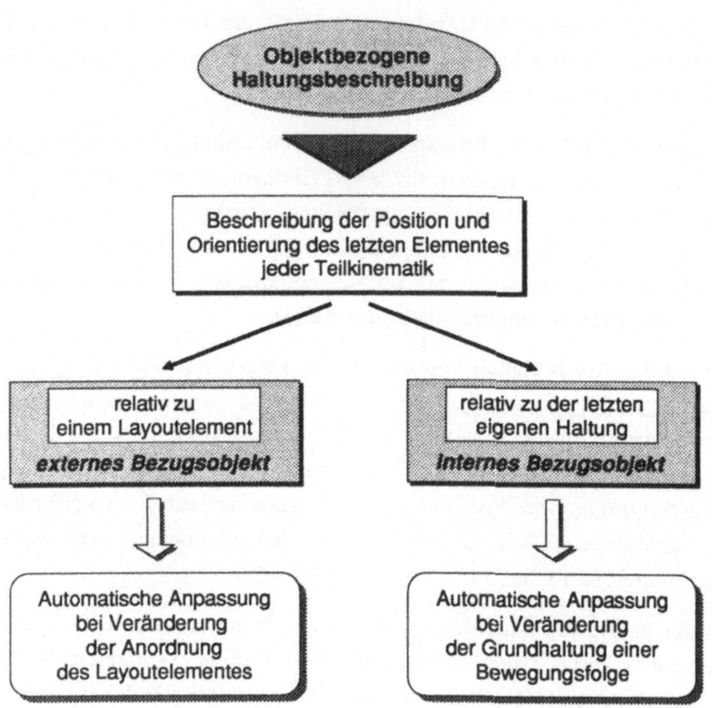

Bild 4-19:   *Anwendungsbezogene Wahl der Bezugsobjekte*

sieht. Deshalb werden diese Haltungen im Bereich des Werkerrumpfes und der
Beine automatisch nachgezogen. Zielgerichtete Bewegungen der Hände werden in diesem Beispiel ohnehin durch den Bezug auf externe Bezugsobjekte
angepaßt.

4.6.2.3 Verifikation für anthropometrische Überprüfungen

Durch die beschriebene objektbezogene Beschreibung von Haltungen ist auch bereits das Grundproblem beim Austausch des Werkermodells gelöst. Da eine Haltung nicht nur in absoluten Gelenkwinkeln abgespeichert ist, sondern auch relativ zu Bezugsobjekten, ist diese Haltungsbeschreibung unabhängig von der Größenstufe des verwendeten Werkermodells. Denn beim Ausführen des Bewegungsprogramms im Relativmodus werden z.B. bei einem kleineren Werkermodell nicht die absoluten Gelenkwinkel des größeren Modells verwendet, sondern je Teilkinematik der relative Bezug zum Bezugsobjekt hergestellt.

Die erforderlichen Anpassungsarbeiten beschränken sich dadurch auf Tätigkeiten wie zum Beispiel die Modifikation der Tischhöhe oder die Korrektur von Haltungen, die aufgrund der Gelenkwinkelgrenzen und der veränderten anthropometrischen Daten nicht erreichbar sind.

4.6.3 Auswirkungen auf den Planungsablauf

Zusammenfassend läßt sich damit festhalten, daß zur Anwendung dieser objektbezogenen Haltungsbeschreibung vom Planer als Zusatzaufwand nur die Definition der jeweiligen Bezugsobjekte durchzuführen ist (Bild 4-20). Und selbst dies ist nur dann erforderlich, wenn ein Bezugsobjekt wechselt. Ansonsten bleibt ein einmal eingestelltes Bezugsobjekt weiterhin aktiv. Die erforderlichen Einträge in die Frame-Datei erfolgen beim Abspeichern eines Bewegungsbefehls automatisch. Durch kontinuierliches Ausführen der einzelnen Simulationsbefehle kann dann ein Simulationslauf durchgeführt werden.

Anschließend kann der Planer gemäß der Vorgehensweise zur Optimierung des Arbeitssystems Variationen vornehmen. In einigen Fällen (z.B. Verwendung interner Bezugsobjekte) ist es davor erforderlich, die automatische Routine zur Vervollständigung der objektbezogenen Haltungsbeschreibung anzustoßen.

Unmittelbar nach der Variation des Arbeitsplatzlayouts oder nach einem Werkerwechsel kann der nächste Simulationslauf durchgeführt werden - und zwar mit den identischen Bewegungsbefehlen. Durch den Planer müssen nur die

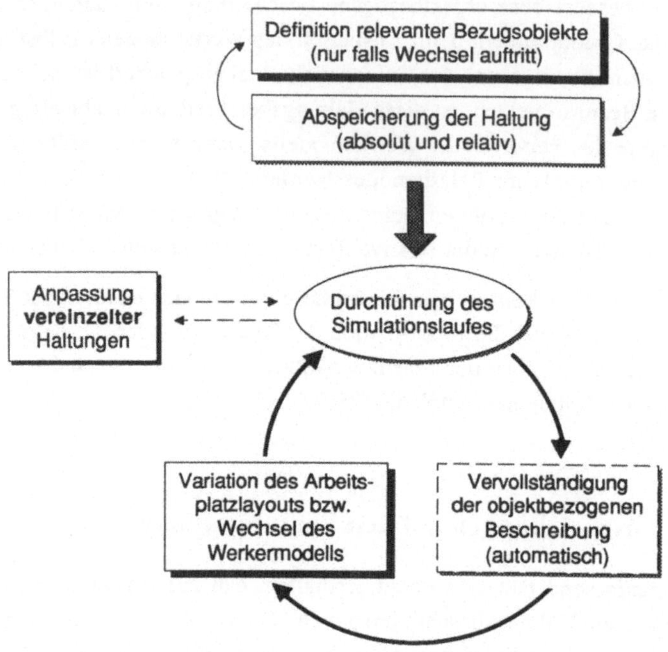

Bild 4-20:   Optimierte Variantenbildung durch objektbezogene Haltungsbe-
               schreibung

Haltungen angepaßt werden, welche aufgrund der anthropometrischen Randbedingungen nicht erreichbar sind.

Mit einem geringen Mehraufwand für die Definition der Bezugsobjekte kann
somit der Aufwand für Anpassungsarbeiten am Bewegungsprogramm nach Än-
derungen in der Arbeitsplatzkonfiguration auf ein Minimum reduziert werden.
Erst damit wird eine schnelle und effektive Optimierung des Arbeitssystems
durch Erstellung und Vergleich verschiedener Varianten möglich.

4.7 Überprüfung der Zielerfüllung

Durch die aufgezeigten Problemlösungen steht ein breites Spektrum von Werkzeugen zur Verfügung, mit denen die Erstellung und Variation von Bewegungsabläufen vereinfacht wird (Bild 4-21).

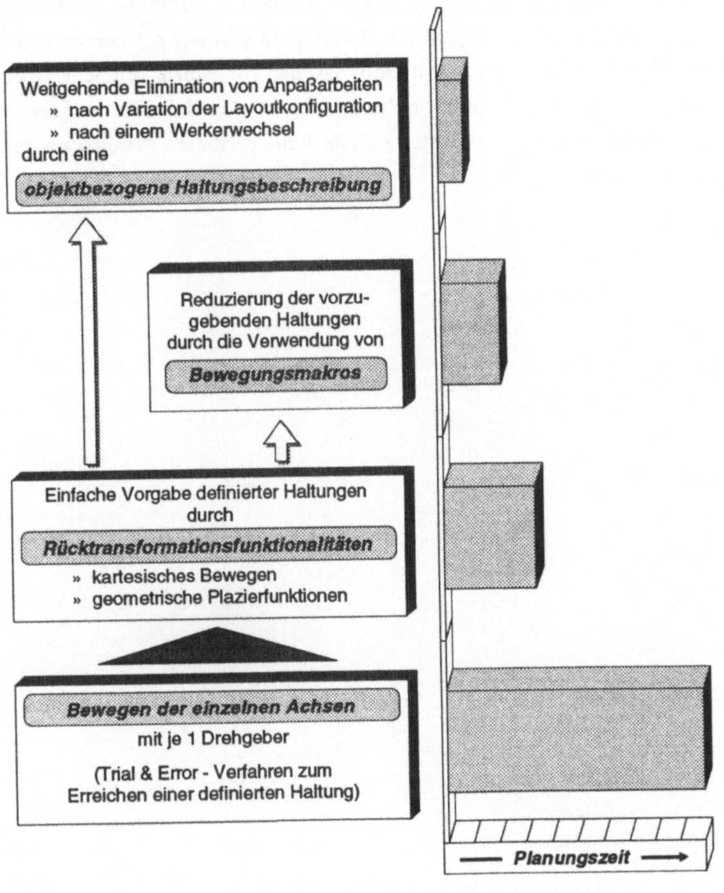

Bild 4-21:   *Schnellere Erstellung varianter Bewegungsfolgen durch leistungsfähige Funktionalitäten (qualitativ; nach [KUMM 92])*

An erster Stelle sind hier die praxisorientierten Funktionalitäten zur Vorgabe
definierter Haltungen des Werkermodells zu nennen, welche auf den entwik-
kelten Algorithmen zur Rückwärtsrechnung aufbauen. Ebenso wie durch die
Möglichkeit, bestimmte Bewegungsfolgen als Makros weitgehend automatisch
zu generieren, wird dadurch der Zeitbedarf für das erstmalige Erstellen von Bewegungsabläufen wesentlich reduziert. Darüber hinaus entfallen durch die objektbezogene Beschreibungsmöglichkeit Anpassungsarbeiten im Rahmen der
Planung von Varianten weitgehend. Ausgehend von der elementaren Möglichkeit zum Bewegen des Werkermodells (Achse für Achse mit je 1 Drehgeber)
kann so mit Hilfe dieser Funktionalitäten die erforderliche Planungszeit besonders im Hinblick auf die geforderte Erstellung varianter Arbeitssystemansätze
deutlich verringert werden.

5   Integration einer Methode zur Zeitermittlung

5.1   Spezifikation der Zielsetzung

Nach der Gestaltung von Arbeitssystemvarianten bildet deren Bewertung bezüglich der relevanten Aspekte die nächste Planungsstufe (Bild 5-1). Neben bereits erfaßbaren Werten wie z.B. den Investitionskosten stellen dabei die zur Ausführung von Arbeitsabläufen benötigten Zeiten ein wesentliches Kriterium dar. So kann mit diesen Zeitwerten eine Bestimmung der Lohnkosten erfolgen sowie die Verteilung von Arbeitsinhalten auf mehrere Stationen verifiziert

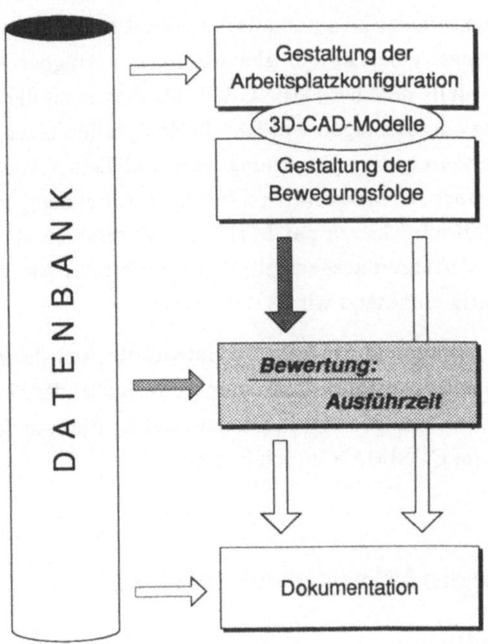

Bild 5-1:   *Ermittlung der Ausführzeiten von Bewegungsabläufen als Bestandteil der Bewertung varianter Arbeitssystemansätze*

werden. Besonders bei Anordnungen von mehreren verketteten Arbeitsplätzen und der hier erforderlichen Austaktung ist dies von erheblicher Bedeutung.

Darüber hinaus ist die ermittelte Ausführzeit von Arbeitstätigkeiten aber auch Erfüllungsgrundlage für viele weitere Aufgaben im Rahmen der technischen Auftragsabwicklung. So können die ermittelten Zeiten als Basis für die Vorgabezeiten auch Eingang in die Montageplan-Erstellung finden.

Aufgrund dieser Bedeutung der Ermittlung von korrekten Ausführzeiten stellt sich die Frage, wie eine entsprechende Möglichkeit hierzu auch in dem Planungssystem COSIMAN realisiert werden kann. Bei der Simulation der Bewegungen von Robotermodellen ist die Problematik der Zeitbestimmung dadurch gelöst, daß sich die reale Ausführzeit von Bewegungen durch die Hinterlegung entsprechender Geschwindigkeits- und Beschleunigungswerte für die einzelnen Achsen durch die Simulation automatisch ergibt. Bei einem Menschmodell wäre diese Vorgehensweise nur bei gleichzeitiger Verfügbarkeit eines realistischen Muskelmodells denkbar [MENG 92]. Da dies nicht der Fall ist, soll hier ein anderer Weg eingeschlagen werden: die Integration eines anerkannten Arbeitsplanungsverfahrens zur Ermittlung von Soll-Zeiten (siehe zum Beispiel [REFA 78]) in einer rechnergestützten Form. In Anlehnung an die Ausführungen in [PFRA 90] wird hierzu das MTM-Grundverfahren als das erste zu implementierende Verfahren ausgewählt, da es ein breites Anwendungsspektrum abdeckt und häufig eingesetzt wird.

Deshalb ist eine geeignete Methode zu entwickeln, um dieses Verfahren zur Ermittlung manueller Ausführzeiten unter weitestgehender Nutzung der spezifischen Rahmenbedingungen und in praxisgerechter Form in das Planungs- und Simulationssystem COSIMAN zu integrieren.

5.2   Analyse des MTM-Grundverfahrens

5.2.1   Grundlagen

Zum besseren Verständnis der folgenden Ausführungen sollen an dieser Stelle kurz die Grundlagen dieses Zeitermittlungsverfahrens dargestellt werden (siehe hierzu auch [HELM 80, MTM 90]). Dazu ist zunächst die Erläuterung einiger wesentlicher Begriffe erforderlich.

- *Grundbewegung:* Hierunter versteht man eine elementare einheitliche Teilbewegung (zum Beispiel HINLANGEN, GREIFEN, BRINGEN, FÜGEN oder LOSLASSEN).

- *MTM-Kode:* Jede Grundbewegung kann durch ein bestimmtes Kürzel eindeutig beschrieben werden. Dieses besteht aus einer Buchstabenkombination zur Kennzeichnung der Grundbewegungsart (zum Beispiel "R" für HINLANGEN) sowie je nach Grundbewegungsart verschiedenen Einflußgrößen wie
    - Bewegungslänge (oder -winkel),
    - Kontrollaufwand,
    - Gewichtseinflüsse.

  Als Beispiel sei die Kodierung für ein "Hinlangen über 40 cm zu einem alleinstehenden Gegenstand" angegeben: "R40A".

- *Normzeitwerttabellen:* Dabei handelt es sich um Tabellen je Grundbewegungsart, aus denen zu jedem möglichen Kode die dafür nach MTM erforderliche Ausführzeit ermittelt werden kann.

- *TMU (= Time Measurement Unit):* Die Zeiten in den Normzeitwerttabellen werden in der Einheit TMU angegeben: 1 TMU entspricht 0.036 Sekunden.

- *Analysenbogen:* Dieser wird als Formblatt der Deutschen MTM-Vereinigung zur konventionellen Durchführung der MTM-Analyse verwendet.

- *Kombinierte Bewegung:* In Unterscheidung zu rein sequentiellen Bewegungen einer Teilkinematik (linke Hand, rechte Hand, Körper) handelt es sich dabei um zeitlich parallele Bewegungen *einer* Teilkinematik (z.B. Handbewegung: HINLANGEN mit zeitlich parallelem DREHEN des Unterarms).

- *Gleichzeitige Bewegung:* Im Gegensatz zu den kombinierten Bewegungen versteht man unter gleichzeitigen Bewegungen zeitlich parallele Bewegungen *verschiedener* Teilkinematiken (zum Beispiel SEITENSCHRITT zeitlich parallel mit HINLANGEN).

- ***Prozeßzeiten:*** Zeiten für nur bedingt oder nicht durch den Menschen beeinflußbare Abläufe (Prozesse) werden innerhalb des MTM-Grundverfahrens als Prozeßzeiten berücksichtigt.

- ***Dominierende Zeiten:*** Bei einer zeitlichen Überlagerung verschiedener Bewegungen (z.B. der linken Hand und des Körpers) gibt es immer eine zeitbestimmende Bewegung. Die Zeit hierfür soll im folgenden als dominierende Zeit bezeichnet werden.

Aufbauend auf diesen Begriffsdefinitionen sind in Bild 5-2 in Anlehnung an das REFA-Standardprogramm für Systeme vorbestimmter Zeiten [REFA 78] die prinzipiellen Arbeitsschritte zur Durchführung einer MTM-Analyse nach dem Grundverfahren dargestellt.

5.2.2   Schwächen bei der Durchführung

Die Erledigung der einzelnen Arbeitsschritte kann auf unterschiedliche Arten erfolgen:

- rein manuell,

- rechnergestützt.

Bei der manuellen Ausführung bedingt dabei die Vielzahl der durchzuführenden Tätigkeiten trotz der konzeptionellen Leistungsfähigkeit dieses Verfahrens einen hohen Zeitaufwand und birgt zudem mögliche Quellen für Anwendungsfehler. Wie bereits in Abschnitt 2.2.3.2 exemplarisch angesprochen wurde, trifft dies vor allem auf folgende Aufgaben zu:

- das Schätzen oder Messen (aus 2D-Zeichnungen) von Weglängen und Winkelwerten,

- die Kontrolle von Regeln z.B. bezüglich der Zulässigkeit gleichzeitiger Bewegungen,

- das Auslesen der Zeitwerte aus den Normzeitwerttabellen.

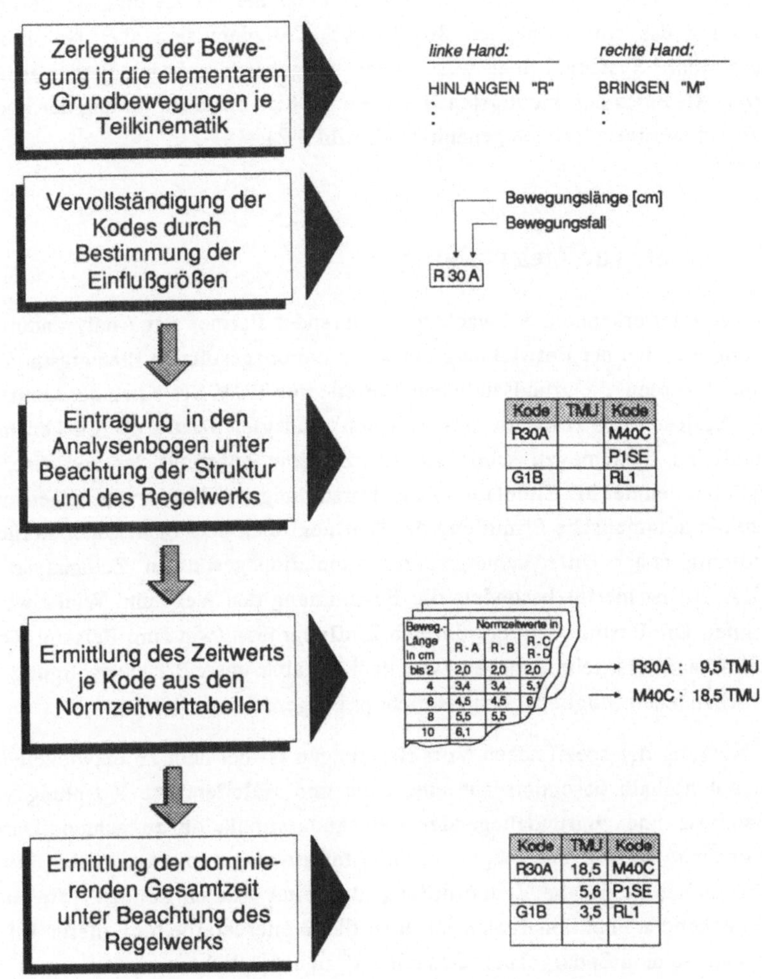

Bild 5-2:   *Konventionelle Vorgehensweise zur Zeitermittlung nach dem MTM-Grundverfahren*

Verschiedene dieser Tätigkeiten werden dem Planer beim Einsatz rechnergestützter Analysiersysteme abgenommen [ANAZ 89, SALW 82]: so zum Beispiel das Bestimmen der Zeitwerte für die einzelnen Kodes und die Berücksichtigung des entsprechenden Regelwerks. Trotzdem sind aber bei diesen "stand-alone"-Systemen noch wesentliche Aufgaben durch den Planer auszuführen. Als eines der wichtigsten Beispiele sei hier die Bestimmung der kodespezifischen Einflußgrößen genannt (vgl. Bild 5-2).

5.3   Ansatz zur Zielerfüllung

Aufgrund der erkannten Schwächen existierender Formen der Analysendurchführung muß bei der Entwicklung eines simulationsgestützten Planungsmoduls versucht werden, die grundsätzlichen Vorteile von EDV-Systemen auszunutzen (z.B. Auslesen der Zeitwerte aus Tabellen) und gleichzeitig die Lücken herkömmlicher Systeme zu schließen. Hierzu kann aufgrund der spezifischen Möglichkeiten der 3D-Simulation (z.B. Darstellung von Bewegungsfolgen) vor allem die automatische Ermittlung der Einflußgrößen beitragen. Unter Berücksichtigung erster Untersuchungen zur simulationsgestützten Zeitanalyse in [PFRA 90] ist hierfür besonders die Bestimmung der Weg- und Winkelwerte geeignet. Die Bestimmung der übrigen Einflußgrößen (wie zum Beispiel Kontrollaufwand) erscheint dagegen zwar denkbar aber unter Berücksichtigung aller vorhandenen Möglichkeiten als nicht praxisgerecht realisierbar.

Zur Nutzung der spezifischen Voraussetzungen ist bei dem zu entwickelnden Konzept deshalb besonders auf eine enge und zielorientierte Kopplung von Zeitanalyse und zugrundeliegender Bewegungssimulation zu achten. Damit soll erreicht werden, daß möglichst viele Informationen direkt aus der Bewegungssimulation für die Zeitermittlung abgeleitet werden können. Mit Hilfe entsprechender Funktionalitäten ist dann die Weiterverarbeitung dieser Informationen zu dem Endergebnis "Gesamtzeit" zu ermöglichen.

5.4   Anforderungsermittlung

Vor der eigentlichen Konzeptentwicklung zur Realisierung der Kopplung von Bewegungssimulation und MTM-Analyse sollen zunächst die Anforderungen spezifiziert werden, die vor allem unter praxisbezogenen Gesichtspunkten zu stellen sind. Diese lassen sich in vier Gruppen unterteilen (Bild 5-3), wobei zwei Grundgedanken bestimmend sind.

Zum einen soll der MTM-geübte Planer eine weitgehend vertraute Umgebung vorfinden. Dies bedeutet, daß die Konventionen des MTM-Grundverfahrens bezüglich Umfang und äußerer Form nachzubilden sind. Dazu muß es möglich sein, alle relevanten Bewegungsarten und Bewegungsfolgen erfassen zu können. Zudem sind auch die Vorgaben bezüglich Nomenklatur und strukturellem Aufbau der Analysen zu übernehmen.

Zum anderen sollen alle Möglichkeiten zur Optimierung der Analysendurchführung hinsichtlich einer Steigerung der Planungsgeschwindigkeit und -qualität ausgenutzt werden. Hierfür ist vor allem eine Unterstützung des Planers durch die Entlastung von Routinetätigkeiten vorzusehen. Außerdem ist die Korrektheit der Analysen bezüglich Kode-Aufbau und Analysenstruktur durch die Hinterlegung eines entsprechenden Regelwerks zu gewährleisten.

5.5   Konzeptentwicklung und Umsetzung

5.5.1   Kopplung von Bewegungssimulation und MTM-Grundverfahren

5.5.1.1   Vorgehensweise

Um die Gestaltungsfreiräume bei der geforderten Kopplung von Bewegungssimulation und MTM-Analyse erfassen zu können, sind beide Bereiche zunächst genauer zu untersuchen. So kann man feststellen, daß die Seite der Bewegungssimulation mit den zugehörigen Befehlssätzen (Bewegungsbefehl u.a.; siehe Abschnitt 3.1) relativ frei gestaltet werden kann. Die einzelnen syntaktischen Elemente der Befehlssprache des Werkermodells können den Erforder-

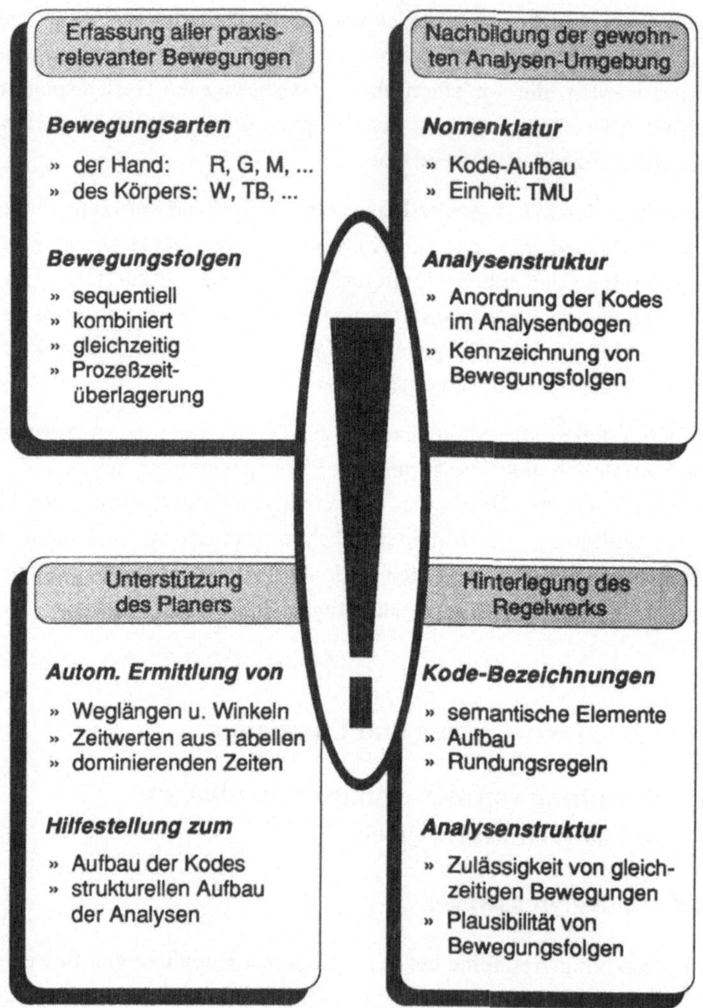

Bild 5-3:   *Anforderungen an eine simulationsgestützte Methode zur Zeiter-mittlung nach MTM*

nissen der Kopplung zur MTM-Analyse angepaßt werden. Demgegenüber ist die Seite der MTM-Analyse durch entsprechende fest vorgegebene Elemente, Strukturen und Regeln weitgehend festgelegt. Deshalb muß zur datentechnischen Kopplung von Bewegungssimulation und MTM-Analyse hauptsächlich auf Seite der Bewegungssimulation angesetzt werden.

Ein Schwerpunkt des zu erarbeitenden Konzeptes wird somit darin liegen, die Befehlssyntax der Simulation manueller Bewegungen an die erweiterten Anforderungen anzupassen. Denn Grundlage der simulationsgestützten Zeitermittlung nach MTM wird die Durchführung eines Simulationslaufes der menschlichen Bewegungen sein. Durch Interpretation der Bewegungsbefehle muß es dabei möglich sein, die für die Zeitermittlung erforderlichen Informationen zu einem großen Teil abzuleiten. Ebenso müssen die Ergebnisse der Zeitermittlung wiederum in geeigneter Form dokumentiert werden können.

Vor dieser Anpassung der Befehlssyntax muß jedoch die Forderung nach einer Nachbildung der gewohnten Analysenumgebung erfüllt werden. Dazu ist zu untersuchen, wie der MTM-Analysenbogen in eine bildschirmgerechte Form übertragen werden kann.

5.5.1.2 Nachbildung des MTM-Analysenbogens am Bildschirm

In Bild 5-4 ist gleichsam als Vorlage der Analysenbogen der Deutschen MTM-Vereinigung e.V. dargestellt. Dabei ist die Trennung in jeweils eine Spalte für die Kodes der linken und rechten Hand mit zugeordneter Angabe von Häufigkeit der Bewegung ("H") und textueller Beschreibung zu erkennen (Körperbewegungen und Prozeßzeiten werden auch in der Spalte der rechten Hand eingetragen). Kombinierte und gleichzeitige Bewegungen sowie die Überlagerung von Körperbewegungen und Prozeßzeiten werden durch bestimmte grafische Methoden gekennzeichnet (Klammern, Durchstreichen u.a.). In die mittlere Spalte werden die Zeitwerte der zeitbestimmenden Bewegungen eingetragen.

Dieser Analysenbogen ist nun in Form einer Bildschirmmaske nachzubilden. Dabei sind gegenüber der Vorlage zum einen bestimmte Vorgaben zu überneh-

MTM	Analysenbogen					Ablage - Nr.	
						Blatt von Blättern	
Nr.	Beschreibung	H	Kode	TMU	Kode	H	Beschreibung
1				—	M30B		
2				—	RL1		
3				25 0	PT		
4				17 0	SS30C1		
5			R30A	—	R26A		
6			G1A	2 0	G1A		
7				18 5	M40C		
8				—	G2		
9				5 6	P1SE		

Bild 5-4:   Analysenbogen der Deutschen MTM-Vereinigung e.V.
             (inkl. Beispiel)

men, zum anderen werden einige Modifikationen im Hinblick auf eine bildschirmgerechte Darstellung und unter Berücksichtigung der spezifischen Randbedingungen erforderlich (Bild 5-5).

So muß bei der Nachbildung am Bildschirm die Aufteilung der zu konzipierenden Analysenmaske in zwei Spaltenbereiche beibehalten werden, um dem Planer eine vertraute Notation zu ermöglichen. Dies bedeutet, daß in der am al-
phanumerischen Bildschirm auszugebenden Maske primär zwei Spalten für die
entsprechenden MTM-Kodes vorzusehen sind.

Auch die Kennzeichnung von kombinierten bzw. gleichzeitigen Bewegungen
muß in der Bildschirmmaske möglich sein (siehe hierzu auch [ANAZ 89]).
Deshalb wird vor den beiden Kode-Spalten zusätzlich jeweils eine Spalte vorgesehen, in der diese Markierungen unter Verwendung bestimmter EDV-ge-

		Kode	TMU	TMU	TMU		Kode
1	[		0.0	13.3	13.3		M30B
2	[		0.0	2.0	2.0		RL1
3			0.0	25.0	25.0		PT25.0
4	/		0.0	17.0	17.0		SS30C1
5	\	R30A	9.5	0.0	8.8		R26A
6		G1A	2.0	2.0	2.0		G1A
7			0.0	18.5	18.5	(	M40C
8			0.0	0.0	5.6	-(	G2
9			0.0	5.6	5.6		P1SE
10							

Bild 5-5:   *Nachbildung des MTM-Analysenbogens am Bildschirm*
              (inkl. Beispiel)

rechter Symbole nachgebildet werden können. So kennzeichnet zum Beispiel das Symbol "(" eine Bewegung, welche Teil einer kombinierten Bewegung ist. Auf die im Original-Analysenbogen enthaltenen Spalten "Häufigkeit" und "Beschreibung" wird dagegen bewußt verzichtet. Der Grund hierfür ergibt sich aus der Kopplung mit der Bewegungssimulation. Zum einen soll in Anlehnung an das Prinzip "WYSIWYG" ("What You See Is What You Get"), welches bei leistungsfähigen Desktop-Publishing-Systemen zur Anwendung kommt, hier sinngemäß ein Prinzip "WYSIWYM" ("What You See Is What You Measure") angewandt werden. Das heißt, daß die Zeitanalyse genau für den Bewegungsablauf durchgeführt wird, der auch simuliert wurde. Denn nur dann ist eine sinnvolle Kontrolle des Bewegungsumfangs und dessen Konsistenz mit der zugehörigen Zeitanalyse zu gewährleisten. Diese Forderung nach einer 1:1-Umsetzung von Simulation in Zeitanalyse erlaubt so den Verzicht auf die Einbeziehung einer Häufigkeit. Zum anderen kann auch eine textuelle Erläuterung der MTM-Kodes unberücksichtigt bleiben, da der Bewegungsablauf in Form der zugeordneten Simulation gleichsam visuell erläutert und dokumentiert wird.

Für die Ausgabe der Zeitwerte dagegen werden abweichend vom Analysenbogen drei Spalten vorgesehen. Zusätzlich zu der Spalte für die dominierenden Zeitanteile wird für jede Kode-Spalte auch noch eine Spalte mit den zugeordneten Zeitwerten eingeplant. Nicht zuletzt für die Dokumentation der durchgeführten Analyse kann damit deutlicher dargestellt werden, welche Zeitanteile (der linken oder rechten Hand, des Körpers oder die Prozeßzeit) zeitbestimmend sind. Dadurch können bei komplexeren Bewegungsfolgen Unterschiede in der anteilsmäßigen Inanspruchnahme von Teilkinematiken leichter erkannt und quantifiziert werden.

Damit ist der Grundaufbau der Analysenmaske vollständig beschrieben. Durch die Gestaltung dieser Bildschirmmaske in starker Anlehnung an den MTM-Analysenbogen ist gewährleistet, daß der Planer am Bildschirm eine weitgehend vertraute Umgebung vorfindet. Nach dieser Festlegung des zentralen Elementes der Benutzerschnittstelle ist nun das eigentliche Konzept zur datentechnischen Verbindung von Bewegungssimulation und Zeitanalyse zu entwickeln.

5.5.1.3 Anpassung der Syntax des Bewegungsbefehls an MTM-Strukturen

Durch die bisherige Form des Bewegungsbefehls

MOVE   ziel_name

wird zusammen mit den in der Location-Datei hinterlegten 44 Gelenkwinkelwerten die Haltung des Werkermodells beschrieben, welche das Ziel der jeweiligen Bewegung darstellt (siehe auch Abschnitt 3.1).

Während somit in der Simulation mit einem Bewegungsbefehl die Gesamthaltung des Menschmodells beschrieben wird, muß nach dem MTM-Grundverfahren die Beschreibung der Bewegungen getrennt nach folgenden Bereichen erfolgen:

- Bewegungen des linken Hand-Arm-Systems (z.B. HINLANGEN),

- Bewegungen des rechten Hand-Arm-Systems (s.o.),

- Körperbewegungen (z.B. SEITENSCHRITT).

Eine analoge Aufteilung des gesamtheitlichen Bewegungsprogramms in ein Bewegungsprogramm für jeden dieser Bereiche ist aufgrund dann auftretender Synchronisationsprobleme und Einbußen in der Benutzerfreundlichkeit nicht sinnvoll. Bei der Einbindung des MTM-Grundverfahrens in die Bewegungssimulation besteht die Problematik somit hauptsächlich darin, eine Verbindung zwischen dem gemeinsamen Bewegungsprogramm der Gesamtkinematik und der in Teilkinematiken aufgesplitteten MTM-Analyse herzustellen.

Gelöst wurde dieses Problem durch die Erweiterung des oben beschriebenen Bewegungsbefehls. Um die Bewegung des Menschmodells getrennt für die drei Teilkinematiken Körper sowie linkes und rechtes Hand-Arm-System beschreiben zu können, wird folgende Syntax eingeführt:

MOVE ziel_name	kpr_bew /	lh_bew /	rh_bew

Hierbei stehen "kpr_bew", "lh_bew" und "rh_bew" als Platzhalter für die Bewegungsformen der Teilkinematiken Körper, linkes Hand-Arm-System und rechtes Hand-Arm-System. Die konkrete Beschreibung der Bewegungen erfolgt mit den entsprechenden Kürzeln des MTM-Grundverfahrens. So wird zum Beispiel mit dem Bewegungsbefehl

MOVE ziel_name	SS /	R /	M T

eine Gesamtbewegung beschrieben, bei welcher die rechte Hand eine kombinierte Bewegung aus BRINGEN "M" und DREHEN des Unterarms "T" ausführt, und gleichzeitig dazu ein SEITENSCHRITT "SS" sowie mit der linken Hand ein HINLANGEN "R" stattfindet.

Diese Beschreibung der Bewegungen mit den Grundbewegungsformen nach MTM hat den Vorteil, daß bei entsprechender Interpretation mit Hilfe hinterlegter Regeln durch die Abfolge der Bewegungsbefehle bereits automatisch die Struktur der Bewegungsfolge für die MTM-Analyse vorgegeben ist. Weiterhin kann durch diese detaillierte Beschreibung der Bewegungen eine grundbewegungsspezifische Weg- bzw. Winkelermittlung aktiviert werden (siehe Abschnitt 5.5.2.3), um diese Daten direkt aus der Bewegungssimulation für die MTM-Analyse übernehmen zu können.

Durch diese Erweiterung der Befehlssyntax ist es somit möglich, die Vorteile eines gemeinsamen Bewegungsprogrammes für die Gesamtkinematik sowie einer getrennten Beschreibung der Bewegungsart je Teilkinematik miteinander zu vereinen (Bild 5-6).

Für eine Betrachtung ausschließlich manueller Bewegungen eines einzelnen Werkers wäre es nun ausreichend, die Simulation auszuführen und die für die Bewegungen real erforderlichen Zeiten zu ermitteln. Es wäre jedoch ohne Bedeutung, in welcher Zeit die Simulation am Bildschirm abläuft. Mit dem Planungssystem COSIMAN soll jedoch im Rahmen der Betrachtung teilautomatisierter Arbeitssysteme auch das Zusammenspiel mehrerer Werker, Roboter oder Handhabungseinrichtungen betrachtet werden können - nicht zuletzt, um dadurch Aussagen bezüglich einer gegenseitigen Austaktung dieser Komponenten machen zu können.

Bei der Simulation von Roboterbewegungen nimmt aber die Ausführung jedes Befehlssatzes aufgrund der hinterlegten Geschwindigkeits- und Beschleunigungswerte für die einzelnen Achsen gemäß der mitlaufenden Systemuhr dieselbe Zeit in Anspruch wie später in Realität. Um nun Bewegungen von Roboter- und Werkermodellen richtig synchronisiert darstellen zu können, muß auch jede Einzelbewegung des Werkermodells mit ihrer nach MTM ermittelten Ausführzeit simuliert werden. Wie bereits in [PFRA 90] angesprochen, ist deshalb auch im weiteren Verlauf dieser Arbeit eine Möglichkeit zu realisieren, um mit den durch die MTM-Analyse ermittelten Zeiten und den mitgerechneten Weg- und Winkelanteilen entsprechende anteilige Ausführzeiten für die einzelnen Bewegungsbefehle zu bestimmen.

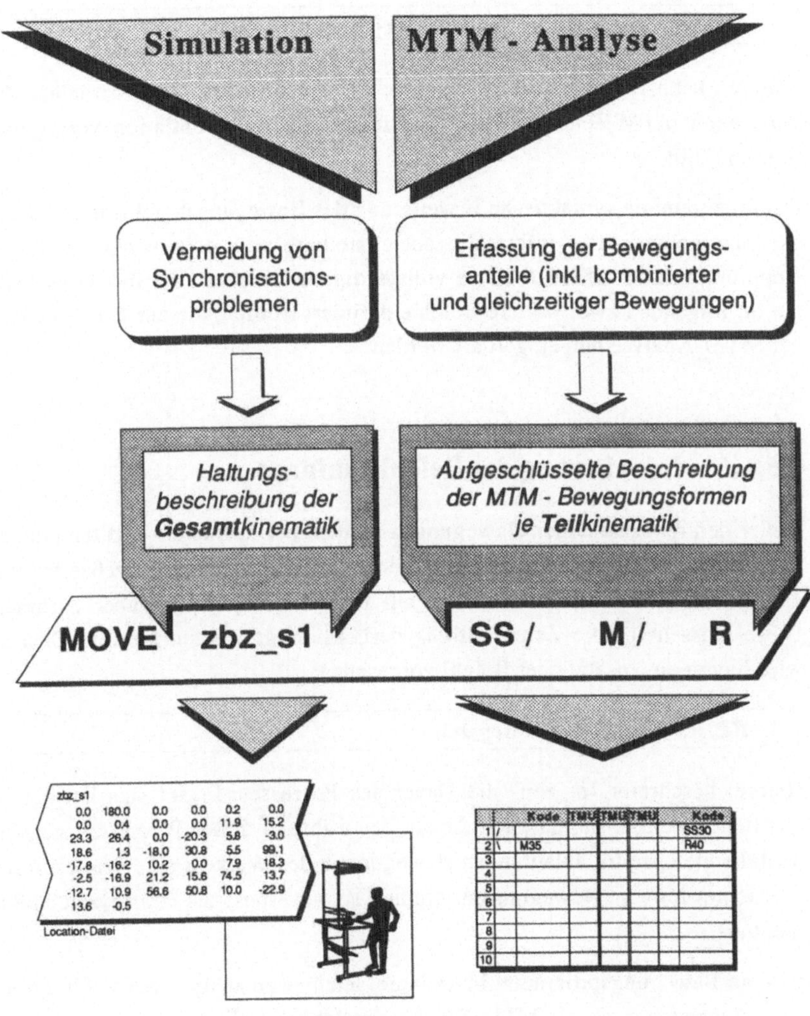

Bild 5-6:   *Kopplung von Bewegungssimulation und MTM-Analyse durch Erweiterung des Bewegungsbefehls*

Um die Ergebnisse dieser Berechnungen für weitere Simulationsläufe dokumentieren zu können, erhält der Bewegungsbefehl schließlich folgende Syntax:

MOVE   ziel_name   time   kpr_bew/   lh_bew/   rh_bew

Dadurch kann für jeden Bewegungsbefehl durch automatische Übernahme des
ermittelten MTM-Zeitwertes die Ausführzeit für die Simulation vorgegeben
werden ("time").

Damit ist nun die syntaktische Erweiterung des Bewegungsbefehls im Hinblick
auf eine zielgerichtete Informationsbereitstellung und -dokumentation für die
Kopplung mit der MTM-Analyse vollständig beschrieben. Darüber hinaus sollen im folgenden zwei weitere Befehle definiert werden, die zur Ermöglichung
der MTM-Analyse neu eingeführt werden.

5.5.1.4   Erweiterung des Befehlsumfangs

Außer den rein manuellen Bewegungen können bei manuellen und teilautomatisierten Arbeitsabläufen auch vom Werker unbeeinflußbare Prozeßzeiten wie
z.B. das Anziehen einer Schraube mit einem Druckluftschrauber auftreten.
Diese müssen für die Zeitermittlung berücksichtigt werden können. Deshalb
wird hierzu ein zusätzlicher Befehl vorgesehen:

PT   pt_zeit / **D** = warte_zeit

Hierbei beschreibt "pt_zeit" die Dauer des Prozesses. Ergibt sich bei der eigentlichen Zeitermittlung nach Abzug der während dieser Prozeßzeit gegebenenfalls gleichzeitig ablaufenden Bewegungen des Werkers eine Wartezeit des
Menschmodells im Bewegungsprogramm, so wird diese als "warte_zeit" dokumentiert.

Um ein Bewegungsprogramm in kleinere, leichter zu analysierende Abschnitte
- im folgenden auch als MTM-Blöcke bezeichnet - gliedern zu können, wird
ein weiterer Befehl eingeführt. Dieser Befehl lautet:

MTM-ANALYSE

Durch die damit durchzuführende Aufteilung des Bewegungsprogramms in Teilbereiche besteht zum Beispiel nach der Modifikation von Teilen der Bewegungsfolge die Möglichkeit einer partiellen Korrektur innerhalb eines einzelnen MTM-Blocks, ohne das gesamte Programm noch einmal analysieren zu müssen. Mit diesem Befehl als letztem Befehl eines MTM-Blocks soll auch der Aufruf der MTM-Analysenmaske ausgelöst werden.

Somit sind für die Integration eines Moduls zur Zeitermittlung nur drei spezifische Befehle für das Bewegungsprogramm des Werkermodells erforderlich. Dadurch und durch die Beschreibung der Bewegungen mit den bekannten Kürzeln des MTM-Grundverfahrens wird dem MTM-geübten Planer die Arbeit mit dieser simulationsgestützten Variante zur Durchführung der MTM-Analyse wesentlich erleichtert.

5.5.2 Einbindung der erforderlichen Funktionalitäten

5.5.2.1 Grundprinzip

Durch die beschriebene Methode zur Kopplung von Bewegungssimulation und MTM-Analyse ist die konzeptionelle Grundlage geschaffen, um innerhalb des Planungssystems COSIMAN eine effektive Möglichkeit zur Ermittlung manueller Ausführzeiten zu realisieren. Auf dieser Basis sind in den folgenden Abschnitten die zugehörigen Funktionalitäten zu entwickeln, mit denen die Übernahme der Informationen aus dem Bewegungsprogramm und die Bestimmung der Zeitwerte konkret durchgeführt werden können.

Bei der Konzeption dieser Funktionalitäten sind besonders die Anforderungen nach einer weitgehenden Entlastung des Planers von Routinetätigkeiten und nach der Gewährleistung einer regelkonformen MTM-Analyse zu beachten. Das bedeutet auch, daß Anwendungsfehler des Planers soweit wie möglich durch das System erkannt und somit vermieden werden müssen.

Dieses Ziel wird vor allem durch die rechnerinterne Hinterlegung entsprechender Daten, Algorithmen und regelgestützter Kontrollfunktionen verfolgt. Zudem soll der Planer bei denjenigen Tätigkeiten, welche auch weiterhin manuell durchzuführen sind, durch das System mit vielfältigen Hilfsfunktionen unterstützt werden.

Die Umsetzung dieses Grundprinzips in die entsprechenden Funktionalitäten erfolgt nun gemäß dem Ablauf der simulationsgestützten Zeitanalyse. Dieser wird dabei gleichzeitig mit Hilfe eines durchgängigen Beispiels in Form der zugeordneten Bilder verdeutlicht.

5.5.2.2   Beschreibung des Bewegungsablaufes

Jeder zu untersuchende Bewegungsablauf besteht aus der Aneinanderreihung einer Vielzahl verschiedener Haltungen des Werkermodells. Nach dem Einstellen müssen diese Haltungen im Bewegungsprogramm abgespeichert werden. Dazu ist eine geeignete Eingabemaske vorzusehen (Bild 5-7), in der neben der Bezeichnung der jeweiligen Zielhaltung (siehe Abschnitt 3.1) auch die Beschreibung der Bewegungsformen mit den Kürzeln der MTM-Grundbewegungen erfolgen kann.

Aufgrund entsprechender Kontrollfunktionen werden dabei in den Feldern der Eingabemaske nur korrekte Eingaben akzeptiert. Ein ungeübter Planer hat deshalb auch die Möglichkeit, sich entsprechende Auswahlmasken anzeigen zu lassen, in denen er Listen mit zulässigen Grundbewegungen (getrennt nach Teilkinematiken) sowie mit zulässigen Bewegungs-Kombinationen dargestellt bekommt. Aus den erfolgten Eingaben wird ein Bewegungsbefehl erzeugt und in das Bewegungsprogramm eingetragen, wobei die Ausführzeit mit einem Standardwert vorbelegt wird.

Weiterhin werden an dieser Stelle auch Funktionen zum Eintragen der weiteren Befehle ("PT", "MTM-ANALYSE") zur Verfügung gestellt.

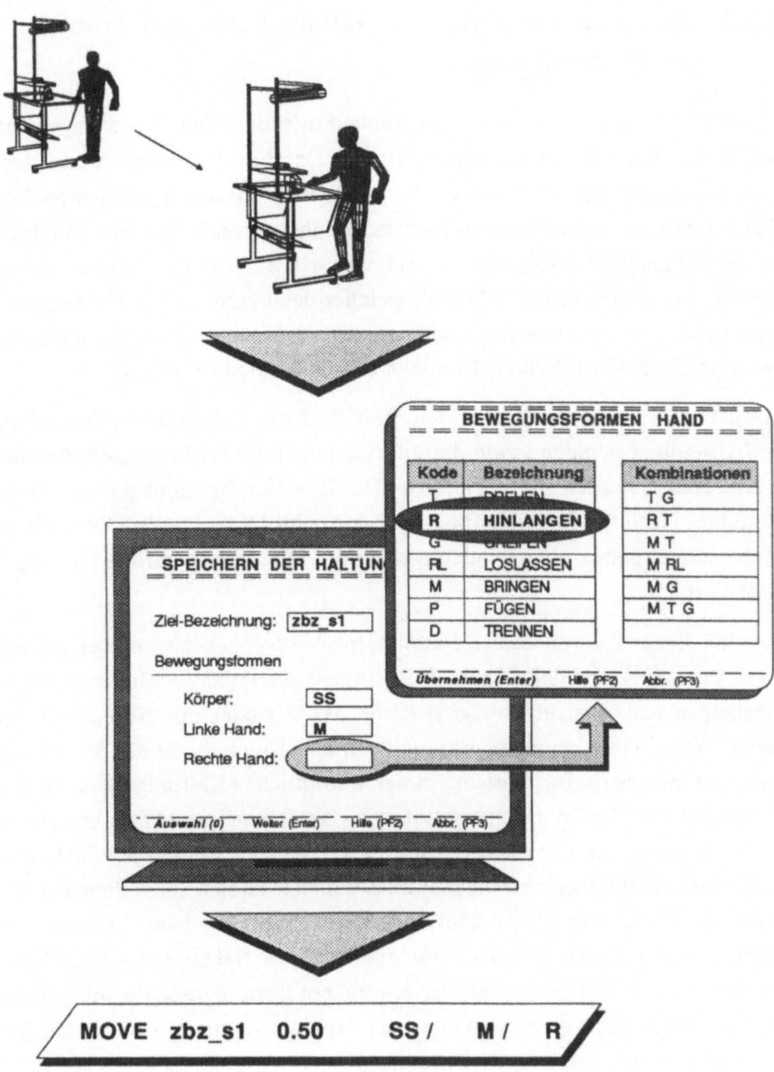

Bild 5-7:　　***Abspeichern der Haltungen unter Angabe der Grundbewegungsformen nach MTM***

5.5.2.3 Durchführung des Simulationslaufes und Eintragung in die Analysenmaske

Sind alle für den jeweiligen Bewegungsablauf erforderlichen Bewegungsbefehle sowie die weiteren simulationsspezifischen Befehle abgespeichert und somit das Bewegungsprogramm in einer ersten Variante vollständig, so können diese Befehle satzweise oder kontinuierlich ausgeführt werden. Bei der Durchführung der Zeitanalyse erfolgt die Ausführung der Befehle blockweise bis zum nächsten "MTM-ANALYSE"-Befehl, welcher dann zum Aufruf der Analysenmaske führt. Zur effizienten Umsetzung der verfügbaren Informationen sind dabei verschiedene zusätzliche Routinen zu durchlaufen (Bild 5-8).

Zunächst werden die bereits in den Befehlssätzen angegebenen Kürzel der MTM-Grundbewegungen sowie die Informationen der Prozeßzeitbefehle interpretiert. Dabei werden die jeweiligen Abfolgen der Bewegungen von linker und rechter Hand sowie des Körpers auch hinsichtlich eventueller Verstöße gegen die aus Gründen einer eindeutigen Interpretierbarkeit definierten Regeln kontrolliert.

Weiterhin können durch eine rechnerinterne Verfolgung bestimmter Bezugspunkte des Werkermodells (z.B. Zeigefingerwurzelpunkte) sämtliche Bewegungslängen und -winkel für die späteren MTM-Kodes mit Hilfe einer integrierten Weg-/Winkelrechnung ermittelt werden. Durch die in die Bewegungssimulation integrierte Bestimmung dieser wesentlichen Einflußgrößen wird gegenüber anderen - auch rechnergestützten - Verfahren zur MTM-Analyse neben der Reduzierung der Planungszeit ein erheblicher Beitrag zur Steigerung der Analysenqualität geleistet. Denn im Vergleich zu den sonst üblichen Verfahren zur Ermittlung dieser Einflußgrößen - Schätzen bzw. "Messen" aus zweidimensionalen Ansichten - wird durch dieses Nebenprodukt der Bewegungssimulation die Genauigkeit der ermittelten Einflußgröße deutlich verbessert. Besonders beim Grundverfahren als dem detailliertesten der MTM-Verfahren ist dies von wesentlicher Bedeutung.

Nach dieser Interpretation der Bewegungsbeschreibungen und der mitgeführten Weg-/Winkelermittlung werden im Rahmen der automatischen Umsetzung des Bewegungsprogramms in die Analysenmaske die Kode-Rümpfe aus den

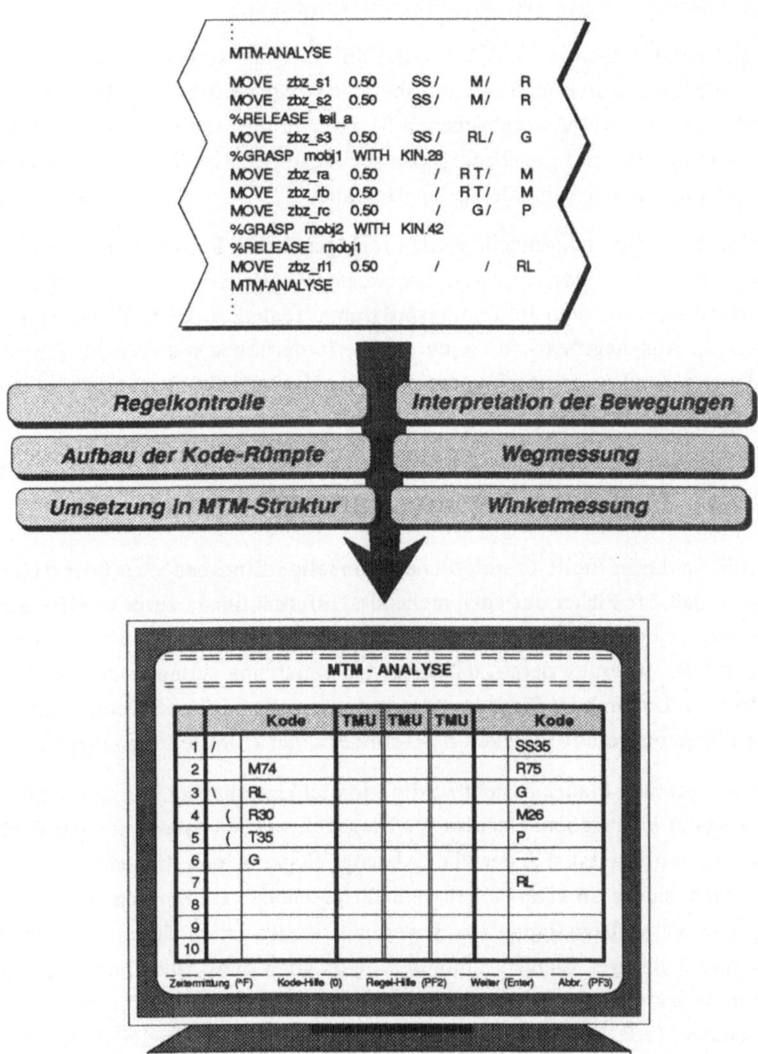

		Kode	TMU	TMU	TMU		Kode
1	/						SS35
2		M74					R75
3	\	RL					G
4	(	R30					M26
5	(	T35					P
6		G					----
7							RL
8							
9							
10							

Bild 5-8:   *Umsetzung des Bewegungsprogramms in die Analysenmaske*

Grundbewegungskürzeln und - wo erforderlich - den gemäß den MTM-Regeln gerundeten Weglängen und Winkelwerten aufgebaut.

Nach Ausführung eines "MTM-ANALYSE"-Befehls werden die sich aus allen bis dahin interpretierten Bewegungsbefehlen ergebenden Kode-Rümpfe dann gemäß der nach MTM vorgegebenen Struktur in die Analysenmaske eingetragen. Kombinierte und gleichzeitige Bewegungsblöcke werden dabei bereits mit den entsprechenden Symbolen gekennzeichnet.

Mit Hilfe der hier zugrundeliegenden regelgestützten Routinen wird somit die in Abschnitt 5.5.1 konzeptionell erarbeitete Möglichkeit zur Übernahme von Informationen aus dem Bewegungsprogramm realisiert. Dem Planer kann dadurch als Ausgangsbasis für seine noch erforderlichen interaktiven Eingaben eine weitgehend automatisch vorbereitete Analysenmaske angezeigt werden.

5.5.2.4 Interaktive Ergänzung der MTM-Kodes

Für die an dieser Stelle erforderlichen manuellen Eingaben ist primär dafür zu sorgen, daß der Planer auf entsprechende Hilfefunktionen zurückgreifen kann. Um aber einen geübten Anwender nicht unnötig im Arbeitsfluß zu stören, erfolgt die Realisierung derart, daß diese Unterstützung stufenweise abrufbar ist (Bild 5-9). Dadurch ist für jeden Planer der jeweils passende Kompromiß zwischen Planungsgeschwindigkeit und erforderlicher Hilfestellung möglich.

Für den geübten Planer besteht so die Möglichkeit, die Ergänzung direkt über die Tastatur einzugeben. Unzulässige Eingaben werden dabei mit einer Fehlermeldung quittiert. Ist sich der Planer bezüglich der erforderlichen Eingaben jedoch nicht sicher, so kann er sich eine entsprechende Hilfemaske anzeigen lassen. Die Vervollständigung des jeweiligen Kodes ist so durch Auswahl bestimmter zulässiger Elemente möglich. Falls auch diese Hilfe noch nicht ausreicht, so kann sich der Anwender weiterhin zu jedem dieser Kürzel und Kodeelemente (z.B. Bedeutung von Bewegungsfall "A" bei BRINGEN) die entsprechenden Definitionen im detaillierten Wortlaut anzeigen lassen.

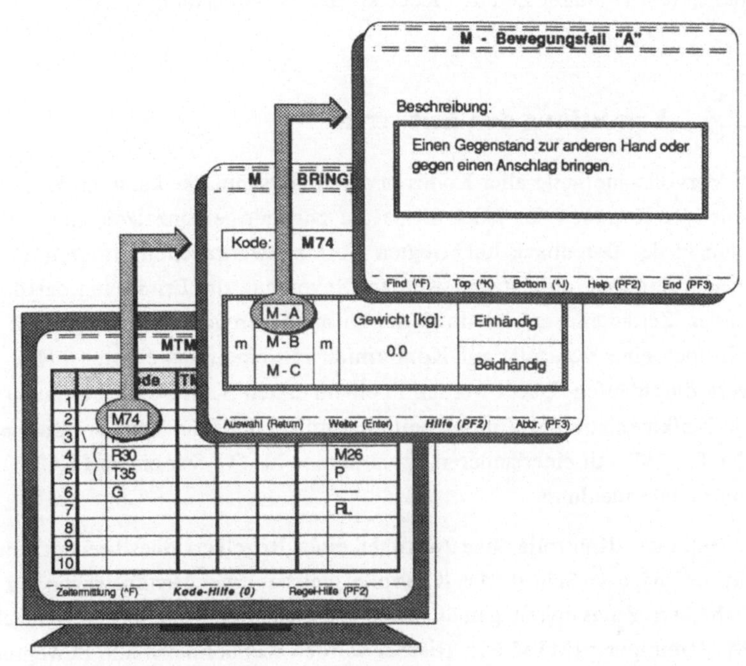

Bild 5-9:   *Mehrstufige Möglichkeit zur Ergänzung der Kodes in der Analysenmaske*

Somit wird gewährleistet, daß zum einen der geübte Planer sehr schnell die
Kodes ergänzen kann, daß zum anderen jedoch auch der weniger geübte Anwender in relativ kurzer Zeit den Kode korrekt vervollständigen kann.

5.5.2.5   Ermittlung der Zeitwerte

Nach Vervollständigung aller Kodes in der Analysenmaske kann mit Hilfe entsprechender Routinen für jeden Kode die zugehörige Einzelzeit automatisch
aus den in der Datenbank hinterlegten Normzeitwerttabellen ermittelt und in
die Analysenmaske eingetragen werden. Bevor nun die Ermittlung der dominierenden Zeitanteile erfolgt, muß die zu analysierende Bewegungsfolge zunächst noch eine Kontrolle auf Konformität mit einem erweiterten MTM-Re-
gelwerk durchlaufen. Dabei werden in einem ersten Schritt die Bewegungsfolgen je Teilkinematik auf Zulässigkeit überprüft. Hier führt zum Beispiel jedes
BRINGEN "M" mit einer anderen Spezifikation als "C" vor einem FÜGEN "P"
zu einer Fehlermeldung.

Nur wenn diese Kontrolle ohne Auftreten eines Regelverstoßes beendet wurde,
erfolgt der nächste Schritt: die Kontrolle gleichzeitiger Handbewegungen bezüglich ihrer Zulässigkeit gemäß der entsprechenden Tabelle der Deutschen
MTM-Vereinigung [MTM 65]. Hierbei wurden rechnerintern alle Bewegungs-
paare zugelassen, die "mit Übung" durchführbar sind. Bewegungen, die nur
"schwierig" gleichzeitig ausführbar sind, werden bewußt ausgeklammert, da
sie der Werker nur bei Erreichen eines sehr hohen Grades an Geschicklichkeit
gleichzeitig ausführen könnte (siehe auch [WALN 62]).

Zur Implementierung dieser Kontrolle ist besonders anzumerken, daß sich die
Überprüfung bezüglich der Gleichzeitigkeit von Bewegungen nicht daran
orientiert, ob die zugehörigen Kodes in der gleichen Zeile der Analysenmaske
stehen. Hier ist ein wesentlich genaueres Vorgehen gewählt: nämlich die Betrachtung der Bewegungsfolgen für rechte und linke Hand bezüglich der realen
Zeitachse (Bild 5-10). Auf Zulässigkeit werden so alle Bewegungen gegenein-
ander kontrolliert (gegebenenfalls auch kombinierte Bewegungen), die bezüglich dieser Zeitachse gleichzeitig erfolgen.

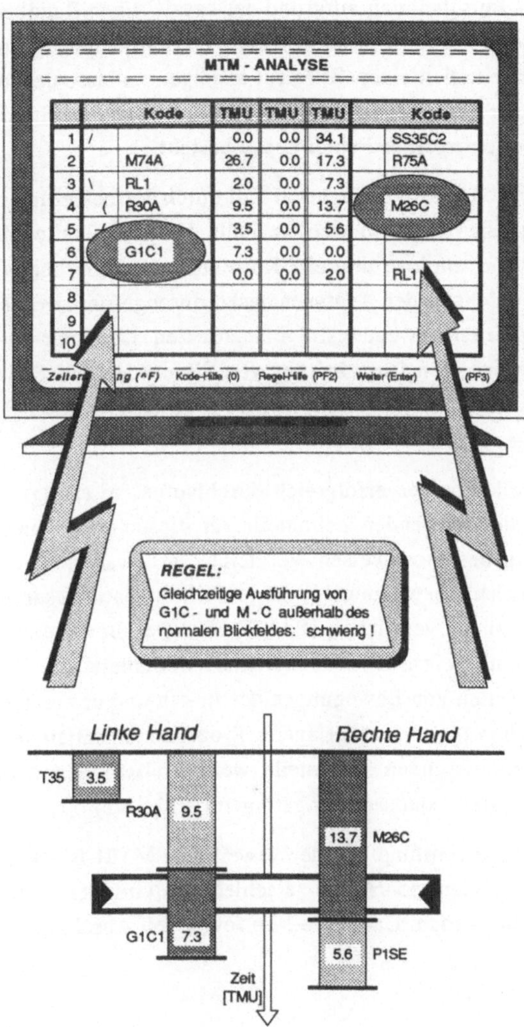

Bild 5-10:   *Regelgestützte Kontrolle auf Zulässigkeit gleichzeitiger Handbewegungen*

Nur bei einigen Sonderfällen, die mit vordefinierten Regeln nicht abzudecken sind, erfolgt zur Entscheidung aufgrund der spezifischen Randbedingungen eine Rückfrage beim Planer. Bei auftretenden Fehlermeldungen hat der Anwender die Möglichkeit, sich einen Hilfetext anzeigen zu lassen, in dem sämtliche Regeln thematisch geordnet dokumentiert sind. Er kann somit sofort nachvollziehen, worin der auftretende Fehler genau besteht.

Erkannte Fehler können im einfachsten Fall durch Verbesserung der jeweiligen Kode-Spezifikationen behoben werden. Falls die Spezifikationen aber korrekt angegeben sind und somit strukturelle Korrekturen erforderlich werden, so dürfen diese nicht direkt in der Analysenmaske durchgeführt werden, sondern es ist bei der simulierten Bewegungsfolge anzusetzen. Denn nur durch diese Vorgehensweise ist eine Konsistenzhaltung von Simulation und Zeitanalyse zu gewährleisten. So mußte auch in dem in Bild 5-10 dargestellten Beispiel der simulierte Bewegungsablauf abgeändert werden.

Sind diese Regelkontrollen erfolgreich durchlaufen, so erfolgt die eigentliche Ermittlung der dominierenden Zeitanteile für diesen Bewegungsblock. Dabei wird das Prinzip des blockweisen Vergleichs angewandt, d.h. es werden jeweils umfangreichere Bewegungsblöcke je Teilkinematik zusammengefaßt und erst dann miteinander verglichen [SALW 82]. Der Bewegungsblock mit der größten Zeitsumme liefert die dominierenden Zeitanteile. Im Extremfall müssen hierbei die Zeiten von Bewegungen des linken und des rechten Hand-Arm-Systems, des Körpers sowie überlagerte Prozeßzeiten miteinander verglichen werden. Die dominierenden Zeitanteile werden abschließend in die mittlere TMU-Spalte der Analysenmaske eingetragen (Bild 5-11).

Damit ist die Zeitermittlung für den jeweiligen MTM-Block abgeschlossen. Die Ergebnisse müssen jedoch aus verschiedenen Gründen noch in geeigneter Form ausgegeben werden. Darauf soll im folgenden Abschnitt näher eingegangen werden.

		Kode	TMU	TMU		Kode
1	/		0.0	34.1	34.1	SS35C2
2		M74A	26.7	0.0	17.3	R75A
3	\	RL1	2.0	0.0	7.3	G1C1
4	(	R30A	9.5	13.7	13.7	M26C
5	-(	T35	3.5	0.0	0.0	-----
6			0.0	5.6	5.6	P1SE
7		G1C1	7.3	7.3	2.0	RL1
8						
9						
10						

Bild 5-11:   *Automatische Ermittlung der dominierenden Zeitanteile*

5.5.2.6   Ergebnisausgabe und -verwaltung

Nach Durchführung der Zeitanalyse wird aus bereits angesprochenen Gründen
der standardmäßig vorgegebene Wert für die Ausführzeit je Bewegungsbefehl
(siehe Abschnitt 5.5.2.2) durch den realen Zeitanteil nach MTM ersetzt (siehe
Abschnitt 5.5.1.3). Darüber hinaus erfolgt eine weiterführende Ausgabe der Ergebnisse von Zeitanalysen in zwei Schritten.

Zum einen wird die Teilanalyse je MTM-Block mit den in der Analysenmaske
enthaltenen Informationen direkt im Bewegungsprogramm dokumentiert - und
zwar im Anschluß an den jeweiligen "MTM-ANALYSE"-Befehl (Bild 5-12).
Diese Möglichkeit wird vorgesehen, um für spätere Auswertungen (zum Bei-

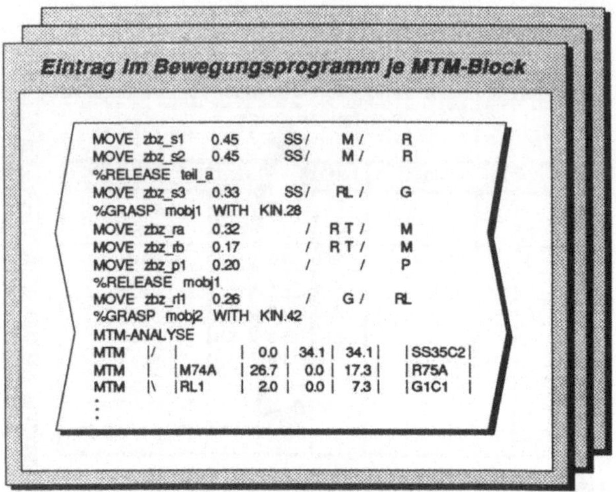

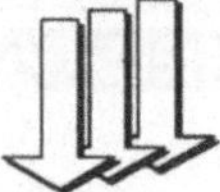

COSIMAN		Zeitanalyse			Mustermann 12. Dec. 1992
Nr.	Kode	TMU	TMU	TMU	Kode
	Übertrag:		87.5		
21		0.0	37.2	37.2	TBC2
22 /		0.0	34.1	34.1	SS35C2
23	M74A	26.7	0.0	17.3	R75A
24 \	RL1	2.0	0.0	7.3	G1C1
25 (	R30A	9.5	13.7	13.7	M26C
26 -(	T35	3.5	0.0	0.0	----
27		0.0	5.6	5.6	P1SE
28	G1C1	7.3	7.3	2.0	RL1
29	M45C	20.1	20.1		
	Übertrag:		289.5		
Directory:	K_LAYOUT				Blatt-Nr.
File:	225_WK_2.MFB				2 von 3

Bild 5-12:   *Ergebnisausgabe der durchgeführten Zeitermittlung*

spiel Montageplan-Erstellung, Belastungsanalyse u.a.) die direkte Zuordnung der MTM-Informationen zu den Befehlssätzen des Simulationsprogramms zur Verfügung zu stellen. Zum anderen wird zusätzlich eine Datei erstellt, in der alle Teil-Analysen der einzelnen MTM-Blöcke inklusive der sich ergebenden Zeitsumme in einer übersichtlichen Darstellung zusammengefaßt sind.

Nach diesem letzten Schritt der simulationsgestützten Durchführung der Zeitermittlung liegen die Ergebnisse somit in allen erforderlichen Formen vor. Die Verwaltung dieser Ergebnisse erfolgt aus Gründen der Konsistenzhaltung der Daten über die Verwaltung der Arbeitsplatzlayouts und der zugehörigen Bewegungsabläufe.

5.6 Überprüfung der Zielerfüllung

Durch die entwickelte Vorgehensweise zur simulationsgestützten Zeitermittlung nach dem MTM-Grundverfahren wird der Planer in vielerlei Hinsicht entlastet (Bild 5-13). Hier ist als wesentlicher Aspekt die direkte Ableitung relevanter Informationen (Bewegungsfolge, Weg-/Winkelwerte) aus der Bewegungssimulation zu nennen.

Zudem darf die Bedeutung der Visualisierung des zu analysierenden Bewegungsablaufes nicht unterschätzt werden: dadurch wird die Fehlerquelle ausgeschlossen, daß der Planer bestimmte Bewegungen einfach zu analysieren vergißt. Darüber hinaus erfolgen Tätigkeiten, welche bereits bei herkömmlichen EDV-Systemen zur MTM-Analyse von einem Programm durchgeführt werden (wie Auslesen der Zeitwerte aus Tabellen oder Kontrolle des Regelwerks), auch hier rechnergestützt.

Somit läßt sich festhalten, daß ein Großteil der durchzuführenden Tätigkeiten automatisch durch das Programmsystem übernommen wird. Bei all den Tätigkeiten aber, die weiterhin manuell ausgeführt werden müssen, wie zum Beispiel die Ergänzung der MTM-Kodes, sind in das System umfangreiche Hilfsfunktionen integriert, so daß der Planer auch hierbei so weit wie möglich unterstützt wird.

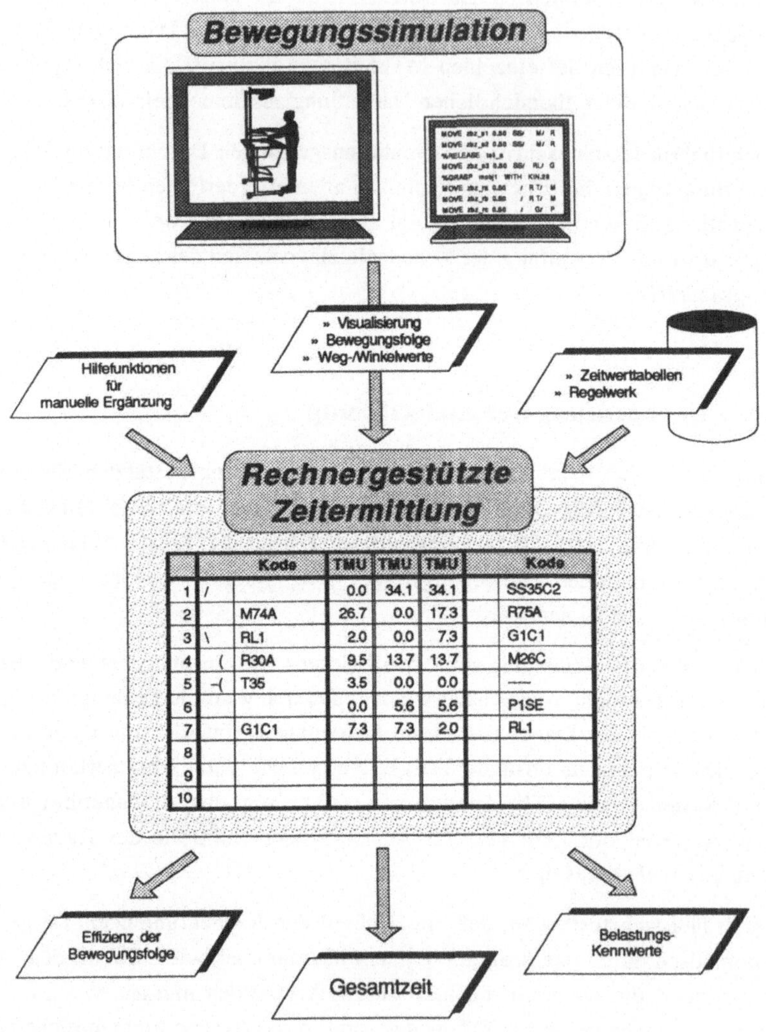

		Kode	TMU	TMU	TMU	Kode
1	/		0.0	34.1	34.1	SS35C2
2		M74A	26.7	0.0	17.3	R75A
3	\	RL1	2.0	0.0	7.3	G1C1
4	(	R30A	9.5	13.7	13.7	M26C
5	-(	T35	3.5	0.0	0.0	---
6			0.0	5.6	5.6	P1SE
7		G1C1	7.3	7.3	2.0	RL1
8						
9						
10						

Bild 5-13:   *Rechnergestützte Zeitermittlung auf Basis der Bewegungssimulation (nach [KUMM 92])*

Mit dem entwickelten Verfahren steht damit ein Hilfsmittel zur Verfügung, mit dem unter Gewährleistung einer größtmöglichen Analysenqualität bei gleichzeitig kurzer Analysenzeit Aussagen über die für manuelle und teilautomatisierte Abläufe erforderlichen Ausführzeiten gemacht werden können.

Neben diesem hauptsächlichen Zweck - der Ermittlung der erforderlichen Gesamtzeit für bestimmte Arbeitsabläufe - können über diese Zeitanalyse nach dem MTM-Grundverfahren aber auch zusätzlich bestimmte Kennwerte ermittelt werden (z.B. Wirkungsgrad von Bewegungen oder prozentualer Einsatz von linker und rechter Hand; siehe auch [MILB 89]). Damit lassen sich erste Aussagen über die Effizienz der simulierten Bewegungen sowie über auftretende Belastungen des Werkers ableiten. Durch eine derartige Interpretation der MTM-Analysen können somit - unter anderem auch über Erkenntnisse im Hinblick auf eine ergonomische Arbeitsplatzgestaltung (siehe auch [SLAD 79]) - Ansatzpunkte für eine weitere Optimierung erkannt werden.

6 Integration einer Methode zur Montageplan-Generierung

6.1 Spezifikation der Zielsetzung

Im Rahmen der Vorgehensweise zur Feinplanung manueller Montagesysteme bildet nach der Bewertung der varianten Arbeitssystemansätze die Dokumentation der ausgewählten Variante den letzten Schritt (Bild 6-1). Als eine der wichtigsten zu erstellenden Arbeitsunterlagen ist hier der Montageplan zu nennen (vgl. Bild 2-3).

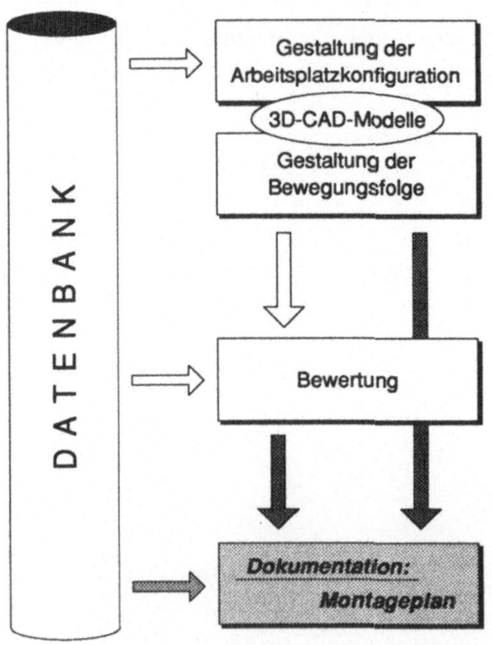

Bild 6-1:   Erstellung von Montageplänen als Bestandteil der Dokumentation des ausgewählten Arbeitssystemansatzes

Während jedoch im Bereich der mechanischen Fertigung für die Erstellung von Arbeitsplänen bereits verstärkt leistungsfähige Rechnerhilfsmittel entwickelt wurden (z.B. [MILB 90]), beschränkt sich im Bereich der manuellen Montage der Arbeitsplan häufig auf die lapidare Anweisung "Zusammenbau nach Zeichnung". Dies liegt zumeist in dem relativ hohen Aufwand zur Montageplan-Erstellung begründet, ist jedoch aus verschiedenen Gründen nicht ausreichend.

Der Haupteinwand ergibt sich aus der erforderlichen Verfügbarkeit entsprechend detaillierter Informationen bei den nachgelagerten Aufgaben innerhalb der Arbeitsvorbereitung sowie in verschiedenen anderen Unternehmensbereichen (Bild 6-2; siehe auch [HIRS 78]). Primär ist hier die Weiterverwendung von Angaben zu Vorgangsfolge, Vorgabezeiten, Arbeitsplatzbelegung, Betriebsmitteln usw. in der Produktionssteuerung zu nennen. Diese Daten bilden dort die Grundlage für die Materialdisposition, die Termin- und Kapazitätsplanung sowie die eigentliche Werkstattsteuerung (nach [EVER 80]). Der erforderliche Detaillierungsgrad der Tätigkeitsbeschreibungen wird dagegen haupt-

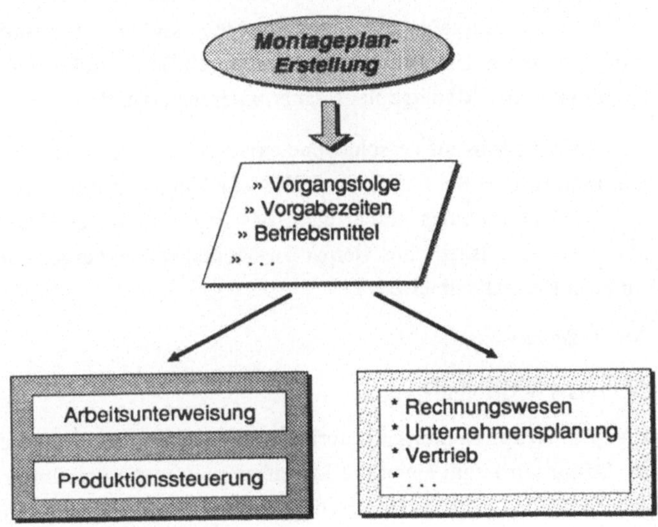

Bild 6-2:   *Weiterverwendung der Montageplan-Daten*

sächlich dadurch bestimmt, daß der Montageplan in vielen Fällen auch gleichzeitig als Hilfsmittel zur Arbeitsunterweisung heranzuziehen ist.

Aufgrund der daraus resultierenden Erfordernis detaillierter Montageplan-Daten ist eine entsprechende Planungsfunktion auch innerhalb des integrierten Paketes COSIMAN zur Verfügung zu stellen. Dazu ist es zunächst erforderlich, die Tätigkeit "Montageplan-Erstellung" genauer zu analysieren.

6.2   Analyse der Erstellung von Montageplänen

Aus der Literatur [ESCH 85, EVER 80, HIRS 78, SELL 91, SPUR 84] sind verschiedene, speziell auf die Montageplan-Erstellung ausgerichtete Vorgehensweisen bekannt. Im Rahmen dieser Arbeit ist die Erstellung von Montageplänen jedoch in eine gesamtheitliche Systematik zur Planung manueller Montagesysteme eingebunden (siehe Kapitel 2). Somit sind gemäß Bild 2-3 in dieser Planungsphase die bestimmenden Tätigkeiten wie Gestaltung von Layout und Arbeitsfolge, Zeitermittlung u.a. bereits durchgeführt. Es verbleibt deshalb im wesentlichen die Aufgabe, die Planungsergebnisse in der erforderlichen Form zu dokumentieren. Um dies zielorientiert durchführen zu können, soll der Aufbau und Inhalt eines Montageplans näher untersucht werden.

Zu dieser Analyse konnte auf verschiedene existierende Auswertungen zurückgegriffen werden [ESCH 85, EVER 80, HIRS 78]. Zudem wurden Montagepläne aus weiteren Unternehmen einbezogen. Als Ergebnis dieser Untersuchung ist in Bild 6-3 ein grundsätzliches Gerüst für Montagepläne dargestellt. Dieses läßt sich in zwei Bereiche unterteilen:

- Montageplan-Kopf,

- Montageplan-Rumpf.

Im **Montageplan-Kopf** sind organisatorische und produktbeschreibende Daten aufgeführt. Damit wird zum einen die Identifizierung und Verwaltung der sich in Arbeit befindenden oder bereits fertiggestellten Montagepläne ermöglicht. Zum anderen wird der Montageplan damit dem jeweiligen Produkt beziehungsweise der jeweiligen Baugruppe zugeordnet - inklusive möglicher Querverweise auf weitere Fertigungsunterlagen (Zeichnung). Im **Montageplan-Rumpf** erfolgt die eigentliche Auflistung der einzelnen Arbeitsgänge in ihrer zeitlichen Abfolge, wobei ein Arbeitsgang aus Gründen des erforderlichen Detaillierungsgrades häufig aus mehreren Teilarbeitsgängen (Vorgangsstufen bzw. Teilvorgänge nach [REFA 71a]) besteht. Neben der Beschreibung der durchzuführenden Arbeitsinhalte mit den elementaren Informationen zu Tätigkeiten, Montageobjekten und Montagehilfsmitteln sind den jeweiligen Arbeitsgängen

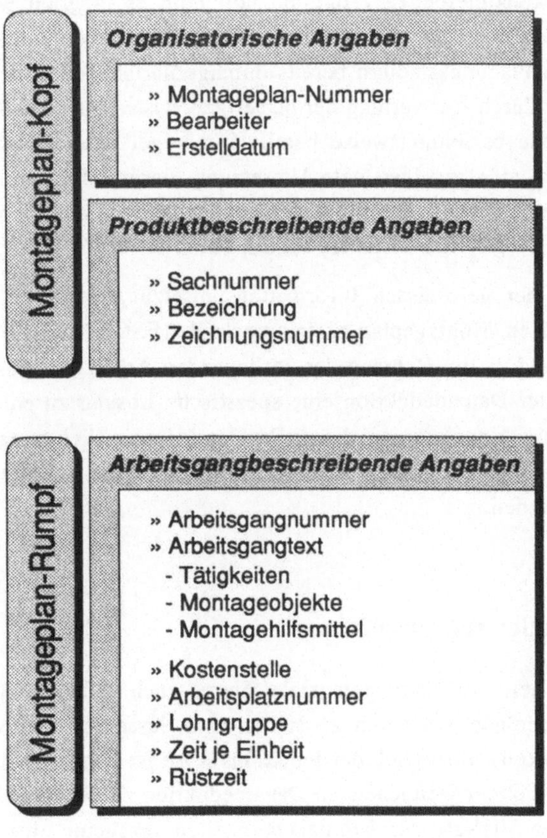

Bild 6-3:   *Gliederung der Bestandteile eines Montageplans*

auch die für die Weiterverwendung unter anderem in der Produktionssteuerung erforderlichen Informationen zugeordnet. Es handelt sich dabei um den Montageort (Arbeitsplatznummer und Kostenstelle) sowie die Zeitwerte zusammen mit der Lohngruppe.

6.3   Ansatz zur Zielerfüllung

Mit dem zu konzipierenden Programmodul muß es möglich werden, einen Montageplan zu erzeugen, der alle beschriebenen Angaben enthält. Aufgrund der in diesem Planungsstadium bereits durchgeführten Teilschritte sollte dies jedoch primär durch Auswertung der bisherigen, systemintern verfügbaren Planungsergebnisse beziehungsweise bereits früher getätigter Eingaben erreicht werden. Durch eine regelgestützte Umsetzung dieser Informationen sind die entsprechenden Elemente des Montageplans weitgehend automatisch zu generieren, so daß Eingaben des Planers auf ein Minimum reduziert werden.

Da aufgrund der geforderten Informationsumsetzung bekannte Ansätze zur rechnergestützten Montageplan-Erstellung (z.B. [ESCH 85, HIRS 78]) nicht übertragbar sind, ist im Rahmen der vorliegenden Arbeit zur Ausnutzung dieses Prinzips der Datendeduktion eine spezifische Lösung zu entwickeln. Vor der eigentlichen Konzipierung dieser Problemlösung sollen zunächst die Anforderungen an ein derartiges Verfahren zur Montageplan-Generierung genauer spezifiziert werden.

6.4   Anforderungsermittlung

Die wesentlichen Anforderungen (siehe hierzu auch [BOLL 92]), welche an das zu entwickelnde Verfahren zu stellen sind, lassen sich in vier Gruppen gliedern (Bild 6-4). Bezüglich der Funktionsweise ist vorrangig das bereits erwähnte Hauptziel der weitgehenden Datendeduktion zu nennen. Unter Berücksichtigung der Vielfalt der Montagetätigkeiten erscheint eine vollständige Automatisierung jedoch nicht möglich. Deshalb ist auch auf eine ausreichende Dialogfähigkeit zu achten.

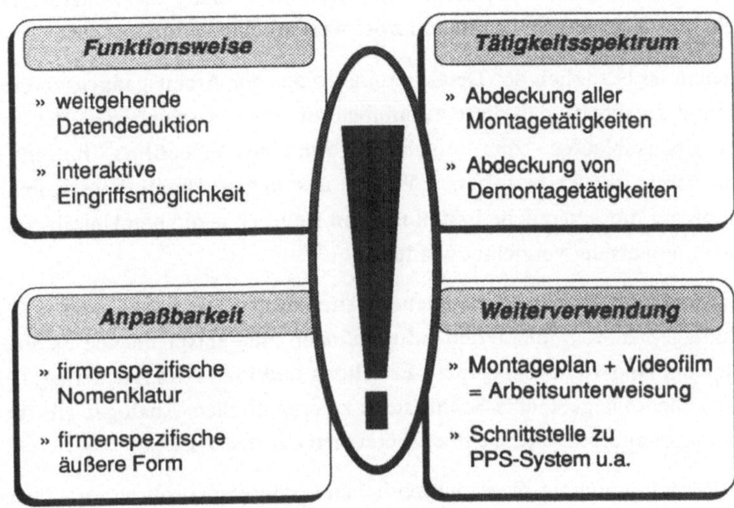

Bild 6-4:   *Anforderungen an eine simulationsgestützte Montageplan-Erstellung*

Wie daraus auch deutlich wird, soll hier keine Beschränkung auf einen bestimmten Teilbereich der Montage erfolgen. Deshalb sind mit dem erfaßbaren Spektrum alle Montagetätigkeiten inklusive der zugeordneten Tätigkeiten wie Handhabung und Kontrolle abzudecken. Darüber hinaus ist der Tatsache Beachtung zu schenken, daß in letzter Zeit auch die Demontage der Produkte im Rahmen von Recycling-Maßnahmen immer stärkere Bedeutung erlangt. Da diese Demontagetätigkeiten in Zukunft auch verstärkt in die Planungsprozesse des Produktes und entsprechender Betriebsanlagen einzubeziehen sind, sollen sie im Rahmen dieser Arbeit ebenfalls berücksichtigt werden.

Für den späteren industriellen Einsatz derartiger Planungsmodule ist es auch wichtig, daß sie leicht an die spezifischen Randbedingungen und bereits vorhandenen Konventionen in verschiedenen Unternehmen angepaßt werden können. Wie in Abschnitt 6.1 bereits deutlich wurde, finden die in den Montagepläne enthaltenen Informationen aber auch Verwendung für weitere Aufgaben. Hieraus ergeben sich zusätzlich zwei wesentliche Anforderungen.

Zum einen ist bezüglich des Detaillierungsgrades der Arbeitsgangbeschreibungen darauf zu achten, daß diese zusammen mit einer Visualisierung des simulierten Arbeitsablaufes - zum Beispiel in Form eines Videofilms - für eine Arbeitsunterweisung der betroffenen Werker ausreichen. Durch diese Kombination kann auf die zusätzliche Erstellung von weiteren textuellen Unterlagen zur Arbeitsunterweisung verzichtet werden.

Zum anderen ist für die erforderliche Weiterleitung (siehe Abschnitt 6.1) der im Montageplan dokumentierten Informationen eine entsprechende datentechnische Kopplung von Montageplan-Erstellung und Produktionssteuerung (PPS-System) über eine geeignete Schnittstelle zu ermöglichen. Analoges gilt für die Kopplung zu anderen Unternehmensbereichen (Vertrieb u.a.).

Unter Berücksichtigung dieser wesentlichen Forderungen soll nun im nächsten Abschnitt das entsprechende Konzept entwickelt werden.

6.5　Konzeptentwicklung und Umsetzung

6.5.1　Gegenüberstellung von Informationsbedarf und -bestand

6.5.1.1　Spezifikation des Informationsbedarfes

Datendeduktion bedeutet Umsetzung von Informationen. Deshalb sind hier im Rahmen einer "Soll-und-Haben"-Bilanzierung in einem ersten Schritt die erforderlichen Daten genau zu spezifizieren. Da die Angaben des Montageplan-Kopfes mehr verwaltungstechnischen als montagetechnischen Charakter haben, soll dabei zunächst der Aufbau des Montageplan-Rumpfes betrachtet werden.

Dabei wird die Beschreibung der einzelnen Arbeitsgänge wesentlich durch die jeweiligen Tätigkeiten bestimmt. Zudem ist es eine der gestellten Anforderungen, alle relevanten Montage- und Demontagetätigkeiten abzudecken. Deshalb soll das zu erfassende Tätigkeitsspektrum genauer untersucht werden.

Unter Orientierung an den Aufstellungen in [ESCH 85] und [LOTT 86] sowie unter vertiefender Heranziehung von DIN 8591 [DIN 85] beziehungsweise DIN 8593 [DIN 85a] sollen die manuellen Tätigkeiten innerhalb der zu betrachtenden Montage- und Demontageabläufe in fünf Hauptgruppen mit jeweils weiteren Untergruppen gegliedert werden (Bild 6-5).

Es handelt sich dabei um die Haupttätigkeiten "Zubringen", "Fügen" und "Kontrollieren" sowie - unter anderem für Demontageaufgaben - die Gruppe "Zerlegen". Zusätzlich existiert eine Gruppe mit verschiedenen Hilfstätigkeiten. Die weitere Untergliederung orientiert sich zum Beispiel für die Hauptgruppe "Fügen" an der DIN 8593 - ergänzbar durch firmenspezifische Tätigkeitsbezeichnungen.

Bild 6-5:   Strukturierung der Montage-/ Demontagetätigkeiten

Gemäß Bild 6-3 ist es aber zur Beschreibung des Arbeitsganges nicht ausreichend, zu bestimmen

wie   (→ Tätigkeiten)

die Montage/Demontage erfolgt, sondern es ist in einem auftragsneutralen Montageplan auch bereits festzulegen

was   (→ Montageobjekte),

womit   (→ Montagehilfsmittel),

wo   (→ Arbeitsplatznummer, Kostenstelle),

in welcher Zeit   (→ Rüstzeit, Zeit je Einheit),

wie entlohnt   (→ Lohngruppe)

montiert beziehungsweise demontiert wird (siehe auch [REFA 71a]). Zusätzlich muß die Abfolge der einzelnen Tätigkeiten deutlich werden.

6.5.1.2   Darstellung des Bestandes an Eingangsinformationen

Diesem Bedarf an Angaben im Montageplan-Rumpf stehen die aufgrund der Planungsschritte bereits rechnerintern verfügbaren Informationen gegenüber. In Bild 6-6 sind diejenigen davon zusammenfassend dargestellt, welche für eine Auswertung zum Zwecke der Montageplan-Generierung in Frage kommen.

Es handelt sich dabei zum Teil um Daten, die bereits im Rahmen der Konstruktion des Produktes oder der Baugruppe in der Datenbank angelegt werden. Dies sind zum einen Daten zur Struktur der Produkte beziehungsweise Baugruppen, womit die Gliederung in die Unterbaugruppen und Einzelteile dokumentiert ist. Zum anderen ist über die datentechnische Verwaltung der Bauteile und Baugruppen aber auch der Ausrüstungselemente jederzeit nachvollziehbar, ob es sich bei einem Objekt um ein Montageobjekt oder um ein Werkzeug, eine Vorrichtung o.ä. handelt (Objektklassifizierung).

Darüber hinaus sind auch aus den im Rahmen der Montagesystemplanung vorgelagerten Schritten weitere Informationen verfügbar. Durch die Bewegungssimulation der Arbeitsabläufe sind aus dem erstellten Bewegungsprogramm sowohl die eigentliche Bewegungsfolge nachvollziehbar als auch alle beteiligten Objekte identifizierbar.

Als Ergebnis der auf der Bewegungssimulation aufbauenden Zeitermittlung nach dem MTM-Grundverfahren (siehe Kapitel 5) stehen sowohl Angaben zu den Grundbewegungsarten (zum Beispiel "R" für HINLANGEN) als auch die ermittelten Grundzeiten zur Verfügung. Diese sind ebenfalls innerhalb des Bewegungsprogramms abgelegt (vgl. Abschnitt 5.5.2.6).

Da dem hier betrachteten Schritt der Dokumentation die Bewertung der Varianten vorausgeht (siehe Bild 6-1), stehen auch Angaben zu Verteil- und Erholzeitfaktoren sowie zu den Lohngruppen für die Tätigkeiten an den einzelnen Arbeitsplätzen zur Verfügung. Denn diese sind bereits im Rahmen der mit einem weiteren Modul des Systems COSIMAN durchzuführenden gesamtheitlichen Wirtschaftlichkeitsbewertung anzugeben, um ausgehend von den ermittelten Grundzeiten eine Quantifizierung der Lohnkosten zu ermöglichen.

Mit dieser Aufstellung wird deutlich, daß prinzipiell eine Vielzahl von aussagekräftigen Informationen zur Verfügung steht - wenn auch noch nicht in der

Informationsträger Ursprung	Bewegungsprogramm	Datenbank
Konstruktion		Produktstruktur
		Objektklassifizierung
Bewegungssimulation	Bewegungsfolge	
	beteiligte Objekte	
Zeitanalyse nach MTM	Grundbewegungsarten	
	Grundzeiten	
Wirtschaftlichkeitsbewertung		Verteil-/Erholzeitfaktoren
		Lohngruppen

Bild 6-6:   Informationsquellen für die Montageplan-Generierung

geforderten Form. Im folgenden ist deshalb unter Definition entsprechender Regeln eine Methode zu entwickeln, wie daraus die oben beschriebenen Montageplan-Daten abgeleitet werden können.

6.5.2 Beschreibung der Methode zur regelgestützten Datendeduktion

6.5.2.1 Grundstruktur

Bevor mit der Aufstellung der eigentlichen Regeln im Detail begonnen werden kann, soll zunächst ein Vergleich von Informationsbestand (siehe Bild 6-6) und -bedarf (siehe Abschnitt 6.5.1.1) durchgeführt werden. Dazu wird untersucht, welche der zur Verfügung stehenden Daten jeweils einen Aussagewert zur Bestimmung der erforderlichen Montageplan-Daten besitzen können.

Als Ergebnis dieser Untersuchung kann festgehalten werden, daß nur für eine automatische Zuordnung der Arbeitsgänge zu einem konkreten Arbeitsplatz und einer Kostenstelle keine Datengrundlage vorliegt. Somit ist diese Aufgabe als eine der wenigen Planungstätigkeiten im Rahmen der Montageplan-Erstellung weiterhin manuell durchzuführen. Zur Bestimmung aller anderen Angaben im Montageplan-Rumpf können dagegen Eingangsinformationen aus verschiedenen Quellen (Bewegungsprogramm und Datenbank) verwendet werden (Bild 6-7).

Die regelgestützte Umsetzung dieser Informationen in die jeweiligen Montageplan-Daten soll in den beiden folgenden Abschnitten an zwei konkreten Aufgaben näher erläutert werden.

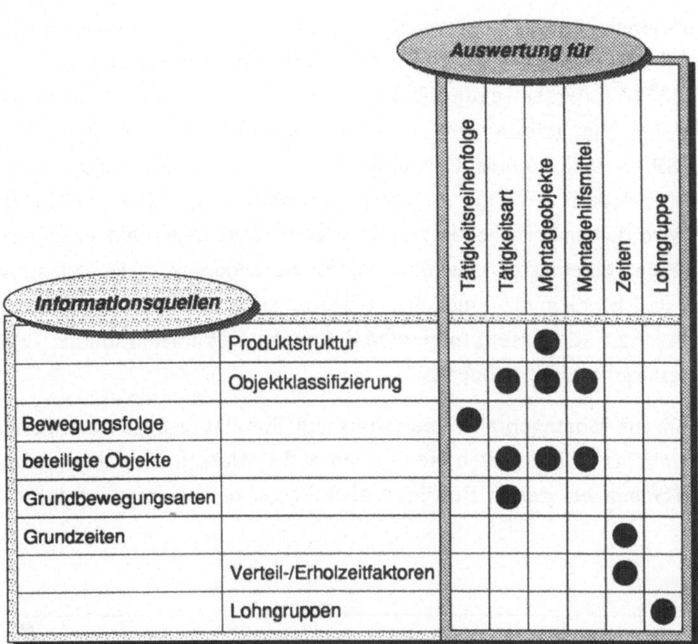

Bild 6-7:   Auswertung der verschiedenen Informationsquellen

6.5.2.2   Ermittlung der Montageobjekte und Montagehilfsmittel

Wie in Bild 6-7 dargestellt, besitzen sowohl die im Rahmen der Bewegungssimulation beteiligten Objekte als auch die in der Datenbank hinterlegten Informationen zu Objektklasse und Produktstruktur eine Aussagekraft zur Bestimmung der Montageobjekte bzw. Montagehilfsmittel. Zur Verdeutlichung der weiteren Ausführungen soll an dieser Stelle der Ausschnitt eines Bewegungsprogramms herangezogen werden (Bild 6-8).

In diesem Bewegungsprogramm sind die verschiedenen Befehlstypen erkennbar. Zum einen handelt es sich dabei um die eigentlichen Bewegungsbefehle
("MOVE"-Befehle) mit gleichzeitiger Beschreibung der Bewegung durch Kürzel der MTM-Grundbewegungsarten (siehe Abschnitt 5.5.1.3). Zum anderen
sind Befehle zum Greifen und Loslassen von Objekten enthalten. Mit dem
"%GRASP"-Befehl können Layoutobjekte mit einem bestimmten Körperteil
des Werkermodells ("WITH ...") gegriffen werden, mit dem "%RELEASE"-
Befehl wird das entsprechende Objekt wieder losgelassen und gegebenenfalls
zur weiteren gemeinsamen Handhabung an ein anderes Objekt - im folgenden
mit Basisteil bezeichnet - angehängt ("TO ..."). Darüber hinaus ist in den dem
"MTM-ANALYSE"-Befehl folgenden Zeilen die Dokumentation der Ergebnisse der Zeitermittlung erkennbar.

Wird nun zur Montageplan-Generierung ein Simulationslauf durchgeführt, so
kann durch das befehlsgesteuerte Greifen und Loslassen von Objekten mit den
beiden Händen bei jedem Bewegungsbefehl genau bestimmt werden, welche

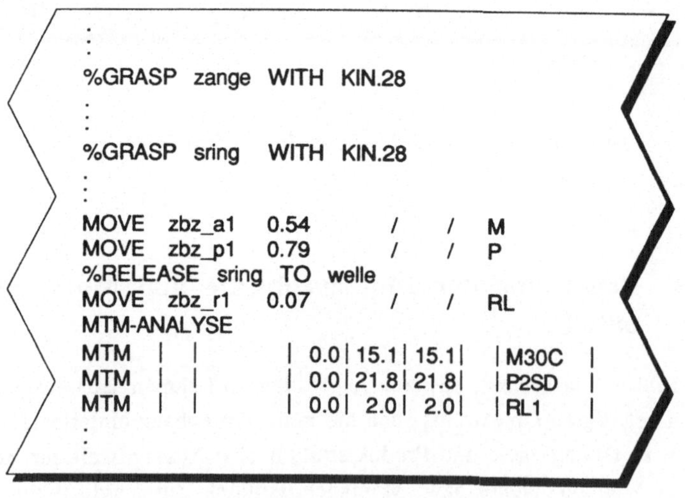

Bild 6-8:   *Ausschnitt aus einem Bewegungsprogramm (Beispiel)*

Objekte gerade mit welcher Hand gegriffen sind (Bild 6-9). Jedes verwendete Objekt ist aber wiederum über die Datenbank verwaltet und so mit einer Vielzahl von organisatorischen, technologischen und wirtschaftlichen Informationen versehen [PFRA 90]. Zu den organisatorischen Informationen gehören hierbei auch Angaben, welcher Klasse und Art das jeweilige Objekt zuzuordnen ist. Daraus kann ermittelt werden, ob es sich bei dem jeweiligen Objekt um ein Montageobjekt handelt oder aber um ein Montagehilfsmittel (im Bereich

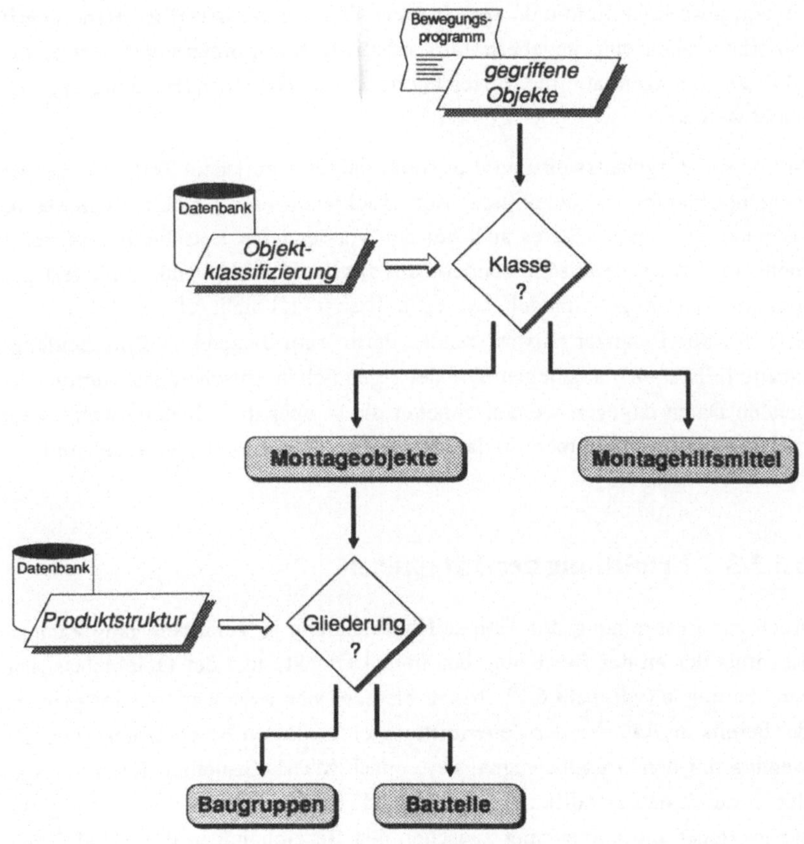

Bild 6-9:   Bestimmung von Montageobjekten und Montagehilfsmitteln

der manuellen Montage sind hierunter vorrangig Werkzeuge zu verstehen). Gleichzeitig kann über diese datenbankgestützte Objektverwaltung auch aus dem im Bewegungsprogramm verwendeten, layoutspezifischen Identifikations- namen eines Objektes (z.B. "sring"; siehe Bild 6-8) die korrekte Herstellerbe- zeichnung (z.B. "SICHERUNGSRING") ermittelt werden.

Handelt es sich bei dem zu betrachtenden Objekt um ein Montageobjekt, so kann weiterhin die in der Datenbank ebenfalls abgelegte Struktur der Produkte und Baugruppen herangezogen werden. Mit diesen Informationen kann - wenn zu dem jeweiligen Zeitpunkt verschiedene Objekte mit derselben Hand gegrif- fen sind - auch eine gegebenenfalls mögliche Komprimierung mehrerer Ob- jektbezeichnungen auf die Bezeichnung der entsprechenden Baugruppe er- reicht werden.

Mit dieser Vorgehensweise wird es somit möglich, zu jedem Zeitpunkt des Be- wegungsablaufes die beteiligten Montageobjekte und Montagehilfsmittel be- stimmen zu können. Da es sich bei den verwendeten Entscheidungskriterien nicht um firmenspezifische sondern um allgemeingültige und somit fest pro- grammierbare Regeln handelt, war es in diesem Fall nicht erforderlich, diese in einer für den Benutzer zu variierenden Form (zum Beispiel als Entscheidungs- tabelle [HEIO 88]) abzulegen. Die der eigentlichen Entscheidung zugrundelie- genden Daten dagegen werden ohnehin direkt über die Objektverwaltung aus der Datenbank entnommen, so daß sie stets auf dem aktuellsten Stand sind.

6.5.2.3   Ermittlung der Tätigkeiten

Auch zur Bestimmung der Tätigkeitsbezeichnung je Teilarbeitsgang kann die Kenntnis der an der Bewegung beteiligten Objekte und der Objektklassifizie- rung beitragen (vgl. Bild 6-7). Primär bietet es sich jedoch an, die Tätigkeit aus der bereits im Rahmen der Zeitermittlung eingeführten Beschreibung jeder Be- wegung mit den Grundbewegungsarten nach MTM abzuleiten. Denn unter an- derem durch den Detaillierungsgrad des MTM-Grundverfahrens ist ein gewis- ser logischer Zusammenhang zwischen den Bezeichnungen der MTM-Grund- bewegungen (z.B. "M" für BRINGEN) und den Hauptgruppen der zu bestim- menden Tätigkeiten (z.B. "Zubringen"; vgl. Bild 6-5) erkennbar.

Ein derartiger Zusammenhang kann für die vier wesentlichen Hauptgruppen der Tätigkeitsgliederung hergestellt werden. So kann im allgemeinen von den jeweiligen Kürzeln der MTM-Grundbewegungsarten "D" für TRENNEN, "EF" für PRÜFEN, "M" für BRINGEN und "P" für FÜGEN auf die Tätigkeitsgruppen "Zerlegen", "Kontrollieren", "Zubringen" und "Fügen" geschlossen werden. In Kombination mit der Visualisierung des simulierten Arbeitsablaufes sind diese übergeordneten Tätigkeitsbezeichnungen in ihrem Detaillierungsgrad auch bereits für den Zweck der Arbeitsunterweisung ausreichend. Für die Hilfstätigkeiten ist diese Form der Zuordnung dagegen aufgrund der Vielfalt der verschiedenen unter diesem Oberbegriff zusammengefaßten Tätigkeiten nicht möglich.

Nach dieser prinzipiellen Zuordnung von MTM-Grundbewegungsart und Tätigkeitsbezeichnung soll nun die detaillierte Auswertung (inklusive Sonderfälle) der vier MTM-Kürzel exemplarisch am komplexesten Fall näher erläutert werden: dem Kürzel "P" für die MTM-Grundbewegung FÜGEN (Bild 6-10). Neben dem primären Schlüssel "Grundbewegungsart" sind hierzu noch weitere Informationen zu berücksichtigen. Wird nach einem Kürzel "P" ein Loslassen eines vorher gegriffenen Objektes dedektiert, so kann ausgehend von dem zugehörigen "%RELEASE ... TO ..."-Befehl auch das Basisteil dieser Bewegung bestimmt werden (siehe Abschnitt 6.5.2.2 und Bild 6-8). Analog zu der Vorgehensweise zur Bestimmung der Montageobjekte ist über die in der Datenbank hinterlegten Informationen auch eine Klassifizierung dieses Basisteils möglich. Gehört dieses Basisteil nicht zu der Klasse der Montageobjekte, so kann es sich trotz des MTM-Kürzels "P" für FÜGEN um kein Fügen aus montagetechnischer Sicht, sondern nur um ein Positionieren des entsprechenden Montageobjektes zum Beispiel in einer Vorrichtung handeln (englische Bezeichnung des MTM-Kürzels "P": POSITION). In diesem Fall wird für die Tätigkeit die Bezeichnung "Zubringen" festgelegt.

Handelt es sich dagegen bei dem Basisteil um ein Montageobjekt, so besteht die Möglichkeit, die Fügetätigkeit weiter zu spezifizieren. Dazu kann ausgewertet werden, ob zusätzlich zu den gegriffenen Montageobjekten auch ein Werkzeug gegriffen ist. Ist dies nicht der Fall, so bleibt es bei der Bezeichnung "Fügen" für die Tätigkeit. Ansonsten kann auf bestimmte Tabellen der Datenbank zugegriffen werden: in diesen Tabellen können allen Werkzeugen, Meß-

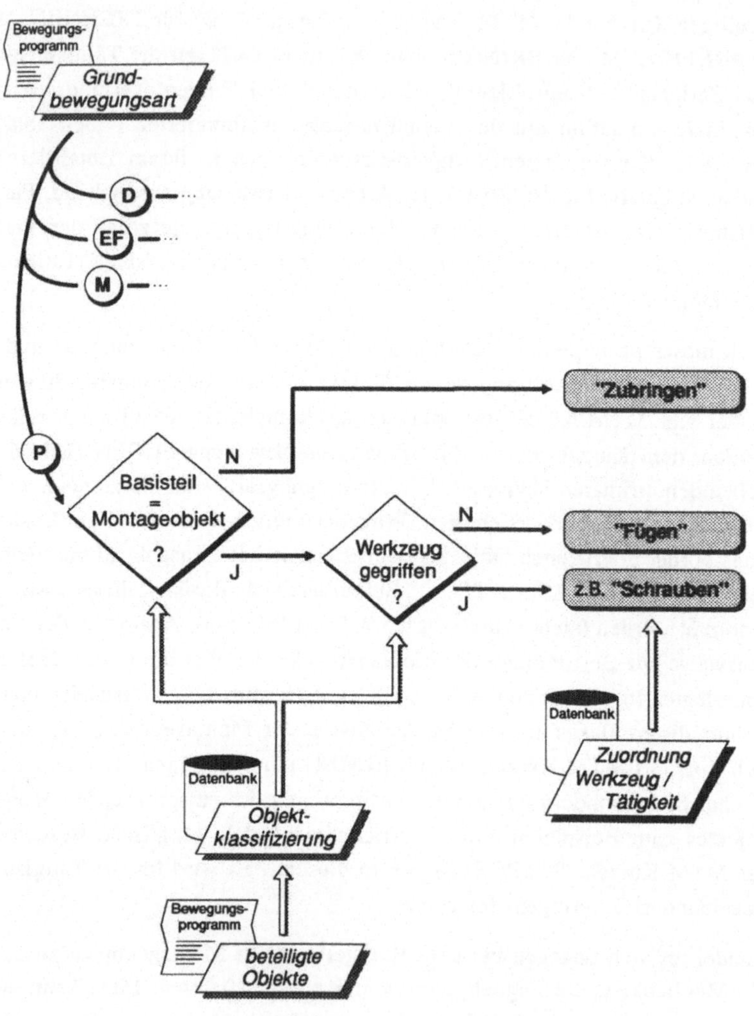

Bild 6-10:   Regelgestützte Bestimmung der Tätigkeit (Beispiel)

und Prüfmitteln u.a. eine oder mehrere Tätigkeitsbezeichnungen aus der gesamten Liste aller möglichen Tätigkeiten zugeordnet werden - wobei jeweils eine der Tätigkeiten priorisiert ist. Aufgrund dieser technologisch sinnvollen Verknüpfung von Werkzeug und Tätigkeit können auch detailliertere Tätigkeitsbezeichungen wie zum Beispiel "Schrauben" automatisch erkannt werden.

Analog ist diese Spezifizierung der Tätigkeiten auch für die Haupttätigkeiten "Zerlegen" und "Kontrollieren" möglich. Zudem ist über eine derartige Zuordnung sogar das automatische Erkennen von Arbeitsschritten aus der Gruppe der Hilfstätigkeiten denkbar (zum Beispiel könnte aus der Handhabung - erkannt durch das Kürzel "M" - einer Druckluftpistole auf die Tätigkeit "Ausblasen" geschlossen werden).

Damit wird deutlich, daß ausgehend von der grundsätzlichen Einteilung mittels der MTM-Grundbewegungsarten und mit Hilfe weiterer Informationen (beteiligte Objekte u.a.) in den meisten Fällen eine automatische Bestimmung der Tätigkeitsbezeichnung möglich wird.

6.5.2.4 Dialogmöglichkeiten

Aufgrund der in den beiden letzten Abschnitten beschriebenen Systematiken und Regelwerke sind die für die textuelle Arbeitsgangbeschreibung erforderlichen Elemente bestimmbar. Sobald der Planer während der Durchführung des Simulationslaufes ein Arbeitsgangende festlegt, können diese somit ausgegeben werden (Bild 6-11: Beispiel zu Bild 6-8).

Die Ausgabe dieser vollautomatisch ermittelten Daten in der entsprechenden Bildschirmmaske beschränkt sich dabei auf die wesentlichen Elemente Tätigkeit und Montageobjekte bzw. -hilfsmittel (Bauteil bzw. Baugruppe, Basisteil und Betriebsmittel). Syntaktische Verbindungswörter bleiben in dieser Darstellung unberücksichtigt. Da es im eigentlichen Generierungsablauf aus Gründen der Flexibilität dem Planer überlassen bleibt, die Arbeitsgänge innerhalb des Bewegungsprogramms abzugrenzen, ist diese Form der Ausgabe für jede erkannte Tätigkeit, d.h. für jeden Teilarbeitsgang vorgesehen.

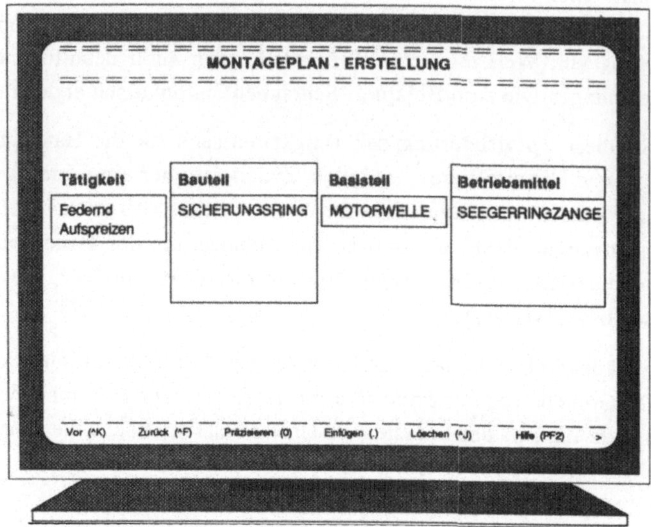

Bild 6-11:   *Automatisch erfaßbare Elemente der Teilarbeitsgang-Beschreibung*

Dabei kann es trotz des breiten Gültigkeitsbereiches der hinterlegten Regeln in bestimmten Anwendungsfällen vom Planer gewünscht werden, Tätigkeitsbezeichnungen zu modifizieren beziehungsweise weiter zu präzisieren oder aber Teilarbeitsgänge zum Beispiel zur Beschreibung von Hilfstätigkeiten einzufügen. Deshalb sind entsprechende Eingriffsmöglichkeiten vorzusehen und - soweit erforderlich - komfortable Dialogfunktionen zur Verfügung zu stellen (Bild 6-12). Mit Hilfe dieser Dialogfunktionen wird es auch möglich, die normalerweise aus Gründen des Detaillierungsgrades nicht gesondert ausgegebene Handhabung von Betriebsmitteln bei Rüstarbeitsgängen explizit zu vermerken.

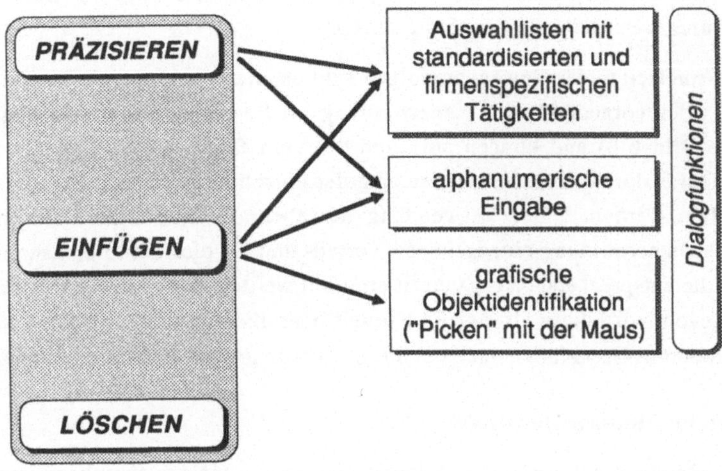

Bild 6-12:   Interaktive Eingriffsmöglichkeit zur Arbeitsgang-Beschreibung

6.5.2.5   Bestimmung der restlichen Montageplan-Daten

Damit ist nun die Bestimmung des Kernstücks eines Montageplans - der Arbeitsgangtexte - abgeschlossen. Nachdem sich auch die Reihenfolge der einzelnen Arbeitsgänge direkt aus der Bewegungsfolge im Bewegungsprogramm ergibt, fehlen nur noch die ergänzenden Angaben je Arbeitsgang und die Daten im Montageplan-Kopf (siehe Bild 6-3).

Ergänzende Angaben je Arbeitsgang:

Wie bereits erwähnt, verbleibt dabei als eine der wenigen manuellen Aufgaben die Zuordnung der einzelnen Arbeitsgänge zu den Arbeitsplatzgruppen - d.h. die Bestimmung von **Arbeitplatznummer** und **Kostenstelle**. Dies kann aber durch entsprechende Auswahllisten erleichtert werden. Die Zuordnung der

Lohngruppe ist dagegen wieder automatisch möglich. Denn diese Information steht bereits aus der Wirtschaftlichkeitsbewertung der varianten Ansätze zu jeder Arbeitssystemvariante zur Verfügung und kann somit aus der Datenbank abgerufen werden (siehe Abschnitt 6.5.1.2).

Die Grundzeiten der Bewegungsfolgen sind ebenfalls bekannt: sie sind als Ergebnis der vorausgehenden Zeitermittlung im Bewegungsprogramm abgelegt (siehe Bild 6-8) und können aufgrund der vom Planer während des Simulationslaufes durchgeführten Abgrenzung der einzelnen Arbeitsgänge diesen zugeordnet werden. Unter Verwendung der ebenfalls bereits im Rahmen der Lohnkostenermittlung eingegebenen Verteil- und Erholzeitfaktoren kann damit auch die entsprechende Vorgabezeit ermittelt werden. Aufbauend auf bestimmten Regeln wird diese als **Zeit je Einheit** oder als **Rüstzeit** "verbucht", wobei der Planer in Grenzfällen auch bei dieser Zuordnung manuell eingreifen kann.

Daten im Montageplan-Kopf:

Nach Bearbeitung des letzten Arbeitsgangs kann zunächst ausgehend von den am Bewegungsablauf beteiligten Montageobjekten über die in der Datenbank verwalteten Produktstrukturen die zugehörige Baugruppe beziehungsweise das zugehörige Produkt ermittelt werden. Nur in Ausnahmefällen gibt es hier mehrere Möglichkeiten, so daß eine Auswahl durch den Planer erforderlich wird.

Die so ermittelte **Sachnummer** und die zugehörige **Bezeichnung** können für den Montageplan-Kopf übernommen werden. Über die Sachnummer der Baugruppe kann mit Hilfe der Datenbankverwaltung auch auf die entsprechende **Zeichnungsnummer** zugegriffen und diese als zusätzlicher Querverweis vermerkt werden. Um auch jederzeit nachvollziehen zu können, durch wen und wann der betreffende Montageplan erstellt wurde, wird über systeminterne Routinen automatisch der **Bearbeiter** und das **Erstelldatum** festgestellt.

Nach abschließender Vergabe einer eindeutigen **Montageplan-Nummer** sind somit alle für einen vollständigen und ausreichend detaillierten Montageplan erforderlichen Daten verfügbar und es kann das Ergebnis ausgegeben werden.

6.5.3   Ergebnisausgabe und -verwaltung

Das Ergebnis einer derartigen Montageplan-Generierung ist exemplarisch in Bild 6-13 dargestellt. Deutlich erkennbar sind die Trennung in Montageplan-Kopf und Montageplan-Rumpf sowie die einzelnen Datenfelder. Anzumerken bleibt noch, daß für die Arbeitsgangbeschreibungen die einzelnen Elemente (Bezeichnungen von Tätigkeit, Bauteil u.a.) durch entsprechende syntaktische Füllwörter miteinander verbunden werden. Diese Füllwörter sind dabei entweder konstant ("Federnd Aufspreizen **von ... mit ...**") oder in den entsprechenden Datenbanktabellen den Tätigkeitsbezeichnungen direkt zugeordnet ("Federnd Aufspreizen ... **auf ...**").

Zusätzlich kann zu jedem Arbeitsgang ein beliebiger alphanumerischer Kommentar eingefügt werden. Darin können unter anderem Daten angegeben werden, welche nicht automatisch ermittelbar sind (zum Beispiel: Anzugs-Drehmoment bei Schraubverbindungen).

COSIMAN		MONTAGEPLAN			Mustermann 30. Oct. 1992
Sach-Nr. :		36571	Bezeichnung :	ANTRIEBSWELLE	
Montageplan-Nr. :		36571			
Zeichnungs-Nr. :		36571			
AG	Arb.-platz	Ko.-St.	Lohn-grp.	tr	te
10	8201	700	7	0.00	38.00
	Kontrollieren von MOTORWELLE; KOMMENTAR: lt. Prüfplan Nr. 36571.6				
20	6371	900	6	0.00	29.00
	Aufschieben von KETTENRAD auf MOTORWELLE; Federnd Aufspreizen von SICHERUNGSRING auf MOTORWELLE mit SEEGERRINGZANGE;				
30	6374	900			27.00

Bild 6-13:   Exemplarische Darstellung eines generierten Montageplans

Weiterhin können hierdurch auch Querverweise auf zugeordnete Prüfpläne vermerkt werden. Denn aufgrund der Tatsache, daß ein anforderungsgerechter Prüfplan in den meisten Fällen ebenfalls sehr umfangreich ist, sollte dieser als gesondertes Dokument erzeugt und nicht direkt in den Montageplan integriert werden. Weiterhin erscheint es nicht sinnvoll, diesen Prüfplan mit Hilfe des hier eingesetzten Simulationssystems zu generieren. Denn der einzige Vorteil einer Integration auch dieser Funktion läge in der Visualisierung des Prüfobjektes. Aber dazu sind in diesem Fall CAD-Systeme besser geeignet, da dort auch direkt die Geometrie- und Dimensionsdaten inklusive der zugehörigen Toleranzen verfügbar sind. Zudem kann in einem CAD-System auch die gegebenenfalls erforderliche Prüfzeichnung leichter aus der ohnehin vorhandenen Zeichnung des Prüfobjektes abgeleitet werden. Für diese Integration der Prüfplan-Erstellung in CAD-Systeme gibt es auch bereits erste Ansätze [EVER 91]. Deshalb ist es im Rahmen der hier behandelten Montageplan-Generierung ausreichend, durch die je Arbeitsgang möglichen Kommentare auf den zugehörigen Prüfplan verweisen zu können.

Der Montageplan als Textdatei in der dargestellten Form wird jedoch nicht direkt erzeugt. Denn die äußere Form des Montageplans wird letztendlich von firmenspezifischen Randbedingungen geprägt sein. Deshalb erfolgt die Ausgabe aller ermittelten Daten zunächst in entsprechende Tabellen der Datenbank. Aus diesem neutralen Zwischenformat heraus wird dann erst der firmenspezifische Montageplan generiert (Bild 6-14).

Diese Vorgehensweise hat zwei weitere Gründe. Zum einen erstreckt sich der Montageplan einer Baugruppe oft auch über mehrere Arbeitsplätze. Vom Gesamtkonzept dieses Planungssystems ist es aber so vorgesehen, daß zumeist in einem Simulationslayout nur ein Arbeitsplatz betrachtet wird. Deshalb muß es möglich sein, die Teil-Montagepläne verschiedener Layouts miteinander verknüpfen zu können. Dies wird durch diese Speicherung der Planungsergebnisse in Datenbanktabellen erleichtert. Denn der Planer hat dadurch die Möglichkeit, die Bewegungsabläufe der einzelnen Arbeitsplätze nacheinander zu simulieren und kann die jeweiligen Montageplan-Anteile sukzessive in die Datenbank schreiben. Die einzelnen Teile können dann bei Angabe derselben Montageplan-Nummer aneinander angehängt werden.

Zum anderen wird durch diese Abspeicherung in Datenbanktabellen auch gleichzeitig die Verbindung zu PPS-Systemen geschaffen. So kann von einem PPS-System aus über eine entsprechende Schnittstelle auf diese gemeinsame Datenbasis zugegriffen und mit den zur Verfügung gestellten Daten die Aufgaben der Termin- und Kapazitätsplanung u.a. durchgeführt werden, ohne daß diese Daten von Hand übertragen werden müssen.

Gleichzeitig wird dadurch aber auch die Verwaltung der erzeugten Montagepläne vereinfacht. Denn falls nur die Arbeitsplatzzuordnung oder die sich auf die Zeitwerte auswirkenden Verteil- und Erholzeitfaktoren zu ändern sind, so ist es aufgrund dieser datenbankgestützten Speicherung der Montagepläne auch denkbar, die Aktualisierung rein auf der Ebene der Datenbank durchzuführen. Prinzipiell erfolgt die Aktualisierung eines Montageplanes jedoch über die Anpassung der Simulation - zum Beispiel wenn sich die Bewegungsabfolge oder die Layoutgestaltung und damit die Grundzeiten ändern. Denn durch das hier verwendete Grundprinzip - Anbindung der Montageplan-Erstellung an die gesamtheitliche Montageplanung mit konsequenter Datendeduktion - ist es unter

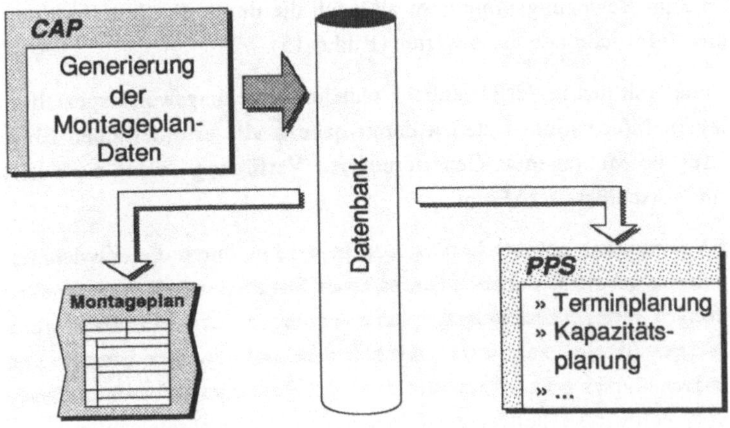

Bild 6-14:   *Ergebnisverarbeitung bei der simulationsgestützten Montageplan-Erstellung*

Berücksichtigung der umfassenden Betrachtung eines Montagesystems in solchen Fällen nicht ausreichend, nur den Montageplan zu modifizieren. Es sind auch alle weiteren Aspekte der Arbeitssystemplanung - unter anderem auch ergonomische Kriterien - zu berücksichtigen. Deshalb ist zur Modifikation der Planung bei der Layoutgestaltung und der Bewegungsplanung anzusetzen.

Aufgrund dieser Vorgehensweise stellt es bei der hier entwickelten Methode auch keinen Unterschied dar, ob es sich im Sinne der Montageplan-Erstellung um eine Neu- oder um eine Varianten- beziehungsweise Ähnlichkeitsplanung handelt. Die Variation beginnt in allen Fällen bei der Arbeitsplatzgestaltung und der Bewegungssimulation: der weitere Weg zur Generierung des eigentlichen Montageplans ist dann immer identisch.

6.6   Überprüfung der Zielerfüllung

Wie im Rahmen der Zeitermittlung (siehe Abschnitt 5.6) wesentliche Daten aus der zugrundeliegenden Bewegungssimulation abgeleitet werden können, so ist es zum Zwecke der Montageplan-Erstellung in ähnlicher Art möglich, sowohl die im Bewegungsprogramm als auch die durch die Zeitermittlung verfügbaren Informationen auszuwerten (Bild 6-15).

Zusammen mit den in der Datenbank ohnehin beziehungsweise speziell hierfür abgelegten Informationen stehen damit nahezu alle erforderlichen Eingangswerte für die Montageplan-Generierung zur Verfügung - wenn auch teilweise noch in "verschlüsselter" Form.

Unter Verwendung entsprechender Regeln wird es durch die entwickelte Vorgehensweise möglich, daraus während eines Simulationslaufes einen allen Anforderungen genügenden Montageplan zu erzeugen - und zwar unter weitestgehender Reduzierung einer interaktiven und zeitaufwendigen Eingabe von Daten. Zudem können durch diese direkte Übernahme zum Beispiel der bereits ermittelten Zeitwerte Übertragungsfehler und somit Qualitätsmängel vermieden werden.

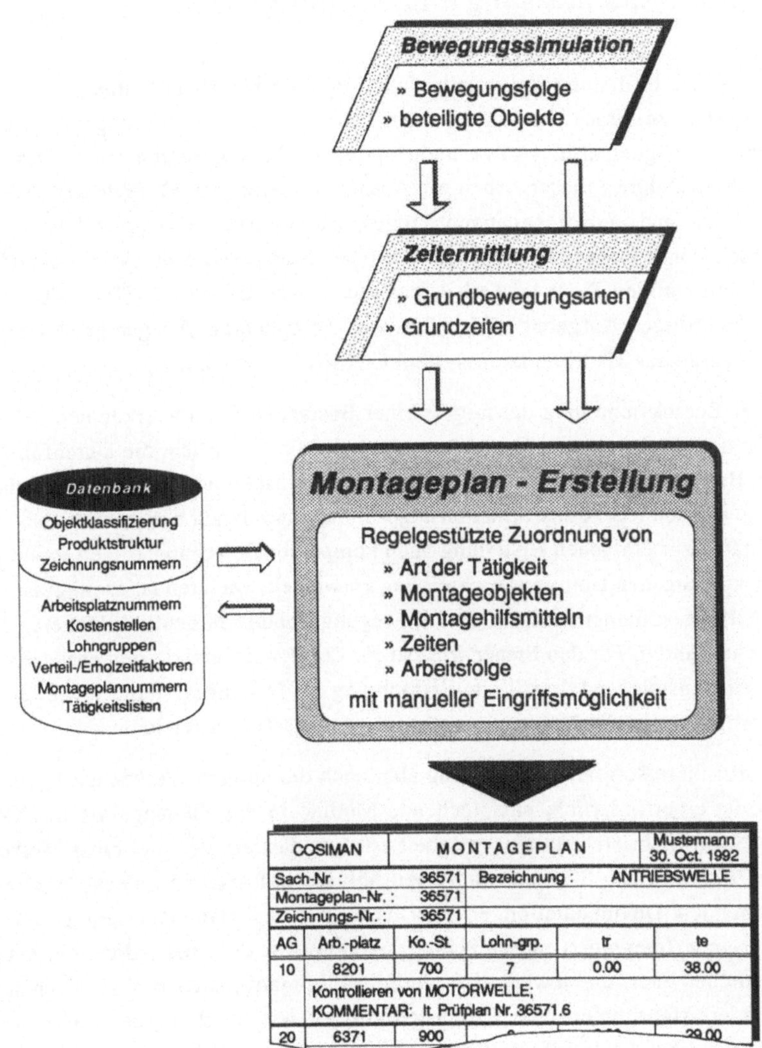

COSIMAN	MONTAGEPLAN		Mustermann 30. Oct. 1992
Sach-Nr. :	36571	Bezeichnung :	ANTRIEBSWELLE
Montageplan-Nr. :	36571		
Zeichnungs-Nr. :	36571		

AG	Arb.-platz	Ko.-St.	Lohn-grp.	tr	te
10	8201	700	7	0.00	38.00
	Kontrollieren von MOTORWELLE; KOMMENTAR: lt. Prüfplan Nr. 36571.6				
20	6371	900			29.00

Bild 6-15:   *Weitgehende Automatisierung der Montageplan-Generierung durch konsequente Datendeduktion (nach [KUMM 92])*

7 Zusammenfassung und Ausblick

Wie in der Einleitung dargestellt, führt der in allen Unternehmensbereichen wachsende Zeitdruck besonders bei der Planung manueller Montagesysteme zu Vernachlässigungen und so zu nicht optimalen Planungsergebnissen. Deshalb wurde im Rahmen dieser Arbeit ein Ansatz erarbeitet, mit Hilfe dessen diesem Zeitdruck und seinen negativen Folgeerscheinungen wirkungsvoll begegnet werden kann. Dieser Ansatz basiert auf der Entwicklung eines leistungsfähigen, integrativen Planungswerkzeuges zur Unterstützung des Planers bei seinen vielfältigen Aufgaben in der Phase der Feinplanung. Als geeignete Grundlage wurde das 3D-Simulationssystem COSIMAN gewählt.

Unter Berücksichtigung der mittels einer Bestandsaufnahme erkannten Schwächen und Lücken war es in einem ersten Schritt erforderlich, die Durchführung der Bewegungssimulation des verfügbaren Menschmodells zu vereinfachen. Dazu wurden Rücktransformationsalgorithmen und darauf aufbauende Funktionalitäten zur einfachen Erstellung auch komplexer Bewegungsfolgen sowie zur objektbezogenen Haltungsbeschreibung entwickelt. Dadurch ist es möglich, die Erstellung varianter menschlicher Bewegungsabläufe in deutlich kürzerer Zeit durchzuführen. Für den Planer wird so ein Zeitgewinn erzielt, den er wiederum für eine ausreichend detaillierte Betrachtung der Montagesysteme sowie für die erforderliche Einbeziehung varianter Lösungsansätze nutzen kann.

Um für diese sorgfältigere Planung aber auch die nötigen Werkzeuge zu schaffen, ist es erforderlich, entsprechende Module in das Planungssystem COSIMAN zu integrieren. In dieser Arbeit erfolgte dies am Beispiel einer Methode zur Zeitermittlung für manuelle Arbeitsabläufe und der zum Zwecke einer ausreichenden Dokumentation erforderlichen Montageplan-Generierung. Neben der reinen Integration dieser Planungsmodule war es dabei jedoch ein hauptsächliches Ziel, die jeweils erforderlichen Eingangsdaten mit Hilfe entsprechender Algorithmen und Regelwerke soweit wie möglich aus rechnerintern bereits vorhandenen Informationen abzuleiten (Datendeduktion). Durch dieses Prinzip kann bei der Bearbeitung jeder Arbeitssystemvariante ein erneuter Zeitgewinn erzielt sowie durch die Elimination von vielen Fehlerquellen eine hohe Qualität gewährleistet werden. Dies wird vor allem auch am Beispiel der weitgehend automatischen Erstellung von Montageplänen als letztem Glied der Kette Bewegungssimulation - Zeitermittlung - Montageplan-Generierung verdeutlicht.

Durch diese Kombination aus Zeitersparnis - und somit erst möglicher qualitätsfördernder Betrachtung varianter Lösungsansätze - und hoher Qualität der einzelnen Varianten ist eine deutliche Qualitätsverbesserung des Gesamtergebnisses erzielbar (Bild 7-1).

Besonders vorteilhaft wirkt sich dabei aus, daß der Entwurf und die Bewertung der Alternativen für ein Montagesystem ausschließlich aufbauend auf CAD-Modellen der Montageobjekte und der Ausrüstungselemente erfolgen kann. Durch den Einsatz dieses rechnergestützten Planungshilfsmittels ist es somit im Sinne eines Simultaneous Engineering möglich, bereits in einem frühen Entwicklungsstadium der Montageobjekte die Planung der Produktionseinrichtungen mit zu berücksichtigen (siehe hierzu auch [KUMM 91]). So können Erkenntnisse aus diesen Planungsschritten noch in die Gesamtplanung einfließen, ohne daß durch den Bau von Musterteilen oder die Beschaffung von Ausrüstungselementen bereits größere Kosten verursacht wurden.

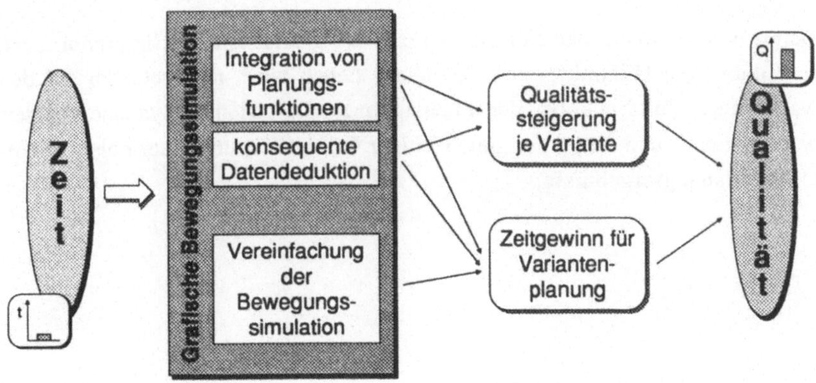

Bild 7-1:   *Gewährleistung einer hohen Planungsqualität trotz reduzierter Planungszeit*

Aus diesen Gründen sollte aufbauend auf der vorliegenden Arbeit und unter konsequenter Weiterverfolgung der aufgezeigten kombinierten Vorgehensweise aus Integration und Datendeduktion die sukzessive Vervollständigung dieses Planungssystems erfolgen. Bei dieser Einbindung weiterer Funktionalitäten erscheint es dabei in einem nächsten Schritt primär erforderlich, verstärkt ergonomische Aspekte einzubeziehen. Denn neben der Betrachtung der Ausführzeiten ist es für eine Bewertung varianter Bewegungsabläufe auch erforderlich, mit Hilfe geeigneter Verfahren die auftretenden Belastungen der Werker bereits im Planungsstadium beurteilen zu können.

Mit diesen quantitativen Bewertungsgrößen (Zeit, Belastung u.a.) sowie unter Berücksichtigung allgemeiner Gestaltungsaspekte (Kollisionsfreiheit u.a.) wird eine umfassende Bewertung der Bewegungsabläufe möglich. Aufbauend auf einer effizienten Bewertung dieser Einzelkriterien ist eine weitere Steigerung der Planungsgeschwindigkeit dadurch denkbar, daß der Planer auch bei der zielgerichteten Variation der Komponentenanordnung und des damit verbundenen Bewegungsablaufes unterstützt wird. Denn durch die Anzahl der zu berücksichtigenden und teilweise widersprüchlichen Zielgrößen erfordert eine schnelle gesamtheitliche Optimierung in vielen Fällen ein großes Erfahrungspotential des Planers. Vorteile könnten hier durch den integrierten Einsatz numerischer Optimierungsverfahren erzielt werden [WOEN 92].

Damit wird deutlich, daß mit dieser Form der grafischen 3D-Simulation auch in Zukunft ein Hilfsmittel zur Verfügung stehen wird, mit welchem auf den wachsenden Zeitdruck bei der Planung manueller Montagesysteme reagiert werden kann - und dies unter gleichzeitiger Gewährleistung einer hohen Qualität der Planungsergebnisse.

8 Literaturverzeichnis

[ANAZ 89] Deutsche MTM-Gesellschaft (Hrsg.): ANA/ZEBA-DATA Version 6.x : Benutzerleitfaden Grundverfahren. Hamburg: Deutsche MTM-Gesellschaft, 1989

[BENI 91] Benitz, G.: Mit Menschen und Modellen. In: Industrie-Anzeiger 3/4/1991, S. 24-26

[BERG 92] Berger, U. ; Krauth, J. ; Meyer, R.: Manuelle Montagearbeitsplätze rechnergestützt planen. In: AV 29 (1992) 6, S. 247-250

[BERG 92a] Berger, U. ; Menges R.: Einsatz rechnerunterstützter Planungssysteme für manuelle Montagearbeitsplätze. In: Montagetechnik in der Betriebspraxis (Tagungsband zum 3. handling-Symposium, Darmstadt, 28./29. Sept. 1992)

[BLEY 91] Bley, H.: Erzeugnisentwicklung und Arbeitsgestaltung. In: REFA-Nachrichten 3/1991, S. 24-28

[BOLL 92] Boll, G.: Stand der Anwendung von CAP-Systemen. In: Arbeitsplanung - Das Bindeglied zwischen Konstruktion und Fertigung. VDI Berichte 995. Düsseldorf: VDI, 1992

[BRON 89] Bronstein, I.: Taschenbuch der Mathematik. 24. Aufl. Thun: Harri Deutsch, 1989

[BULL 86] Bullinger, H.J. (Hrsg.) ; Ammer, D. ; Dungs, K. jr. ; Seidel, U. ; Weller, B.: Systematische Montageplanung. München: Hanser, 1986

[DENA 55] Denavit, J. ; Hartenberg, R.: A Kinematic Notation for Lower-Pair Mechanisms Based on Matrices. In: Journal of Applied Mechanics, June 1955, S. 215-221

[DIN 78] Norm DIN 33402 Teil 1. Körpermaße des Menschen : Begriffe, Meßverfahren. Berlin: Beuth, 1978

[DIN 85] Norm-Entwurf DIN 8591. Fertigungsverfahren Zerlegen : Einordnung, Unterteilung, Begriffe. Berlin: Beuth, 1985

[DIN 85a] Norm DIN 8593. Fertigungsverfahren Fügen : Einordnung, Unterteilung, Begriffe. Berlin: Beuth, 1985

[DIN 86] Norm DIN 33402 Teil 2. Körpermaße des Menschen : Werte. Berlin: Beuth, 1986

[DIN 87]   Norm DIN 33408 Teil 1. Körperumrißschablonen für Sitzplätze. Berlin: Beuth, 1987

[ESCH 85]   Esch, H.: Arbeitsplanerstellung für die Montage. Aachen, RWTH, Fakultät für Maschinenwesen, Dissertation, 1985

[ESCH 85a]   Esch, H. ; Peters, C.: Rechnerunterstützte Montagearbeitsplanerstellung. In: Industrie-Anzeiger 10/1985, S. 22-24

[EVER 80]   Eversheim, W.: Organisation in der Produktionstechnik. Bd. 3.: Arbeitsvorbereitung. Düsseldorf: VDI, 1980

[EVER 91]   Eversheim, W. ; Zeller, P. ; Kloten, B.: Integration der Prüfplanerstellung in CAD-Systeme. In: QZ Qualität und Zuverlässigkeit 36 (1991) 12, S. CA 310 - CA 315

[FELD 87]   Feldmann, K. ; Hemberger, A.: Rechnereinsatz in der Montageplanung. In: VDI-Z Bd. 129 (1987) Nr. 5, S. 76-81

[FRIE 89]   Friedmann, T.: Integration von Produktentwicklung und Montageplanung durch neue, rechnerunterstützte Verfahren. Institut für Werkzeugmaschinen und Betriebstechnik der Universität Karlsruhe, Forschungsbericht Band 25, 1989

[GROB 82]   Grob, R. ; Haffner, H.: Planungsleitlinien Arbeitsstrukturierung : Systematik zur Gestaltung von Arbeitssystemen. Berlin: Siemens AG, 1982

[HARS 88]   Harsch, W.: Entwicklung eines Expertensystems zur Planung manueller Arbeitsplätze. In: REFA-Nachrichten 2/1988, S. 22-28

[HEIE 91]   Heiermann, K. ; Kummetsteiner, W.: Das zukünftige Zusammenspiel von Konstruktion und Planung. In: Milberg, J. (Hrsg.): Wettbewerbsfaktor Zeit in Produktionsunternehmen. Berlin: Springer, 1991

[HEIN 91]   Heinen, E.: Industriebetriebslehre. 9. Aufl. Wiesbaden: Gabler, 1991

[HEIO 88]   Heiob, W.: Rechnergestützte Arbeitsplanung (CAP) mit Entscheidungstabellen. In: AV 25 (1988) 1, S. 14-18

[HEIS 85]   Heiß, H.: Die explizite Lösung der kinematischen Gleichung für eine Klasse von Industrierobotern. TU Berlin, Fachbereich Informatik, Dissertation, 1985

[HEIS 86]   Heiß, H.: Grundlagen der Koordinatentransformation bei Industrierobotern. In: Robotersysteme 2 (1986), S. 65-71

[HEIS 86a]   Heiß, H.: Konstruktionskriterien und Lösungsverfahren für Indu-
            strieroboter mit explizit lösbarer kinematischer Gleichung. In:
            Robotersysteme 2 (1986), S. 129-137

[HEIS 91]   Heiß, H. ; Kiener, G. ; Kummetsteiner, G.: Backwards Solution
            of an Eight-Degrees-of-Freedom Kinematic Structure. In:
            IFAC/IFIP/IMACS: Symposium on Robot Control (Wien, 16.-
            18. September 1991). Preprints Part 2

[HELM 80]   Helms, W.: Neuentwicklungen und Aktivitäten der Deutschen
            MTM-Vereinigung. Mitteilung Nr. 85 des Instituts für ange-
            wandte Arbeitswissenschaft e.V. (Hrsg.). Köln: Bachem, 1980

[HELM 90]   Helms, W. ; Lay, K. ; Menges, R.: Planungssystem zur ergono-
            mischen Gestaltung und Optimierung manueller Arbeitssysteme.
            In: REFA-Nachrichten 4/1990, S. 25-29

[HIRS 78]   Hirschbach, O.: Rechnerunterstützte Montageplanerstellung. IPA
            Forschung und Praxis. Mainz: Krausskopf, 1978

[JENN 85]   Jenner, R.-D. ; Kaufmann, H.: Bosch Arbeitshilfen für die ergo-
            nomische Arbeitsplatzgestaltung. 3. Aufl. Stuttgart: Robert
            Bosch GmbH, 1985

[KAMU 91]   Kamusella, C.: TOMMI - ein anthropometrisch-ergonomisches
            Simulationsmodell vom Menschen. In: Wiss. Zeitschrift der
            Humboldt-Universität zu Berlin, R. Medizin 40 (1991) 5, S. 169-
            175

[KINI 89]   Kinias, C. ; Hofmann, D. ; Heckert, V.: Arbeitsplatzgestaltung
            mit dem PC. In: Fortschrittliche Betriebsführung und Industrial
            Engineering 38 (1989) 3, S. 124-128

[KOEP 91]   Koepfer, T.: 3D-Grafisch-interaktive Arbeitsplanung - ein An-
            satz zur Aufhebung der Arbeitsteilung. TU München, iwb, For-
            schungsberichte Band 40. Berlin: Springer, 1991

[KUMM 91]   Kummetsteiner, G.: Grafische dreidimensionale Bewegungssi-
            mulation - ein Hilfsmittel zur Gestaltung effektiver Montagear-
            beitsplätze sowie montagegerechter Produkte. In: VDI: Montage-
            gerechte Produktgestaltung für manuelle und automatisierte
            Montagesysteme (Tagungsband VDI-Seminar, Regensburg,
            1991)

[KUMM 92]   Kummetsteiner, G.: Planung manueller Arbeitssysteme mit 3D-Simulation. In: pa Produktionsautomatisierung 2/92, S. 34-37

[LAY 88]   Lay, K.: Die Arbeitsraumgestaltung manueller Montagearbeitsplätze mit graphischen und wissensbasierten Methoden. IPA/IAO Bericht Forschung und Praxis Band 128. Berlin: Springer, 1988

[LAY 91]   Lay, K. ; Menges, R.: Arbeitsplatzgestaltung in der Montage rationalisieren. In: AV 28 (1991) 5, S. 179-183

[LIPP 91]   Lippmann, R.: Planungsverfahren zur ergonomischen Gestaltung der Arbeit. In: REFA-Nachrichten 6/1991, S. 12-19

[LOTT 86]   Lotter, B.: Wirtschaftliche Montage. Düsseldorf: VDI, 1986

[MAS 89]   Robert Bosch GmbH: MASsoft - Software zur Konstruktion von Handarbeitsplätzen. Druckschrift Nr. 3 842 394 773 IA 08/89

[MEHN 90]   Mehner, F.: Automatische Generierung von Rücktransformationen für nichtredundante Roboter. In: Robotersysteme 6 (1990), S. 81-88

[MENG 88]   Menges, R. ; Schweizer, W. ; Warschat, J.: Simulationsstudien unter Einbeziehung des Menschen im Arbeitsprozeß. In: Feldmann, K. ; Schmidt, B.: Simulation in der Fertigungstechnik. Berlin: Springer, 1988

[MENG 92]   Menges, R.: Synthese und Simulation dreidimensionaler Hand-Arm-Bewegungen an manuellen Montagearbeitsplätzen. IPA/IAO-Berichte Forschung und Praxis, Band 166. Berlin: Springer, 1992

[MILB 89]   Milberg, J. ; Pfrang, W.: MTM am Bildschirm. In: Montage 2/89, S. 12-16

[MILB 90]   Milberg, J. ; Koepfer, T. ; Schrüfer, N.: 3-D-grafisch interaktive Arbeitsplanung. In: wt Werkstattstechnik 80 (1990), S. 445-448

[MILB 92]   Milberg, J. ; Koepfer, T.: Aufgaben- und Rechnerintegration - ein Gegensatz zur Schlanken Produktion?. In: Aufgaben- und Rechnerintegration - ein Gegensatz zur Schlanken Produktion?. VDI Berichte 990. Düsseldorf: VDI, 1992

[MILB 92a]   Milberg, J. ; Maier, C. ; Fischbacher, J.: Die ›Schlanke Produktion‹. In: Sonderheft Montage, März 1992, S. 8-13

[MILB 92b]   Milberg, J. ; unter Mitwirkung von Schuster, G.: Effizienz- und Qualitätssteigerung bei der Produkt- und Produktionsgestaltung. In: IPK/IWF/WGP/IWF e.V./IMT: Markt, Arbeit und Fabrik (Vorträge des Produktionstechnischen Kolloquiums Berlin, 1992)

[MTM 65]   Deutsche MTM-Vereinigung e.V (Hrsg.): MTM-Normzeitwertkarte. Hamburg: Deutsche MTM-Vereinigung e.V., 1965

[MTM 90]   Deutsche MTM-Vereinigung e.V (Hrsg.): MTM-Handbuch I (Grundlehrgangsunterlage). 7. Aufl. Hamburg: Deutsche MTM-Vereinigung e.V, 1990

[PAUL 91]   Paul, G.: CIM-Basiswissen für die Betriebspraxis. Braunschweig: Vieweg, 1991

[PFRA 90]   Pfrang, W.: Rechnergestützte und graphische Planung manueller und teilautomatisierter Arbeitsplätze. TU München, iwb, Forschungsberichte Band 29. Berlin: Springer, 1990

[PISC 91]   Pischetsrieder, B.: Zeitorientierte Ablauforganisation - Anforderungen, Ansatzpunkte, Instrumente. In: Milberg, J. (Hrsg.): Wettbewerbsfaktor Zeit in Produktionsunternehmen. Berlin: Springer, 1991

[RAIK 92]   Raikova, R.: A general approach for modelling and mathematical investigation of the human upper limb. In: Journal of Biomechanics Vol. 25 (1992), No. 8, S. 857-867

[REFA 71]   REFA: Methodenlehre des Arbeitsstudiums. Teil 3: Kostenrechnung, Arbeitsgestaltung. München: Carl Hanser, 1971

[REFA 71a]   REFA: Methodenlehre des Arbeitsstudiums. Teil 1: Grundlagen. München: Carl Hanser, 1971.

[REFA 78]   REFA: Methodenlehre des Arbeitsstudiums. Teil 2: Datenermittlung. München: Carl Hanser, 1978

[RICH 92]   Richter, M.: Integrierte Produktentwicklung und Montageplanung. In: REFA-Nachrichten 2/1992, S. 10-21

[ROEM 92]   Römpp, R. ; Winkle, G.: Die AV entlasten - Montagepläne automatisch generieren. In: AV 29 (1992) 2, S. 81-83

[ROHM 90]   Rohmert, W. ; Schaub, K.: HEINER - ein neues Werkzeug zur ergonomischen Gestaltung. In: technologie & management 1/90, S. 12-22

[SALW 82]   Salwiczek, P.: Rechnerunterstützte Planung und Gestaltung manueller Arbeitsmethoden auf der Basis eines Systems vorbestimmter Zeiten. Fortschrittberichte VDI-Z, Reihe 16 Nr. 14. Düsseldorf: VDI, 1982

[SEID 92]   Seidl, A. ; Bubb, H. ; Geuß, H. ; Krist, R. ; Schmidtke, H. ; Speyer, H. ; Brill, M. ; Krüger, W. ; Speckert, M.: RAMSIS: 3D-Menschmodell und integriertes Konzept zur Erhebung und konstruktiven Nutzung von Ergonomie-Daten. In: Das Mensch-Maschine-System im Verkehr. VDI-Berichte Nr. 948. Düsseldorf: VDI, 1992

[SELL 91]   Scheller, T.: Arbeitsplan-Erstellung mit CAP. In: Techno Congress GmbH: Neue Wege der rechnergestützten Arbeitsplan-Erstellung (Tagungsunterlagen, Karlsruhe, 6./7. März 1991)

[SESS 92]   Sessenhausen, H.: Zusammenarbeit Konstruktion - Arbeitsplanung. In: Arbeitsplanung - Das Bindeglied zwischen Konstruktion und Fertigung. VDI Berichte 995. Düsseldorf: VDI, 1992

[SIEM 78]   Siemens AG: Daten und Hinweise zur Arbeitsgestaltung. Erlangen: Siemens AG, 1978

[SLAD 79]   Sladek, P.: Die Anwendung des MTM-Verfahrens bei der ergonomischen Arbeitsplatzgestaltung. In: REFA-Nachrichten 32/1979 Heft 3, S. 173-177

[SMID 92]   Schmidt, M.: Konzeption und Einsatzplanung flexibel automatisierter Montagesysteme. TU München, iwb, Forschungsberichte Band 41. Berlin: Springer, 1992

[SPUR 84]   Spur, G. ; Krause, F.-L. : CAD-Technik. München: Carl Hanser, 1984

[SPUR 91]   Spur, G.: Rationalisierung zeitbestimmender Arbeitsprozesse. In: Milberg, J. (Hrsg.): Wettbewerbsfaktor Zeit in Produktionsunternehmen. Berlin: Springer, 1991

[STOF 85]   Stoffert, G.: Analyse und Einstufung von Körperhaltungen bei der Arbeit nach der OWAS-Methode. In: Zeitschrift für Arbeitswissenschaft 39 (11 NF) 1985/1, S. 31-38

[SULT 87]   Schultetus, W.: Montagegestaltung. 2. Aufl. Köln: TÜV Rheinland, 1987

[SUST 92]   Schuster, G.: Rechnergestütztes Planungssystem für die flexibel automatisierte Montage. TU München, iwb, Forschungsberichte Band 55. Berlin: Springer, 1992

[TAUB 89]   Tauber, A.: Ein Verfahren zur Lösung der allgemeinen Rücktransformation unter Berücksichtigung von Randbedingungen. In: Robotersysteme 5 (1989), S. 133-140

[TAUB 90]   Tauber, A.: Modellbildung kinematischer Strukturen als Komponente der Montageplanung. TU München, iwb, Forschungsberichte Band 30. Berlin: Springer, 1990

[TSOT 87]   Tsotsis, G.: Entwicklung eines biomechanischen Modells des Hand-Arm-Systems -Lagebestimmung und die Statik seiner Glieder als geschlossene kinematische Gelenkkette-. IPA/IAO-Berichte Forschung und Praxis, Band 108. Berlin: Springer, 1987

[VDI 80]   VDI-Ges. Produktionstechnik (ADB): Handbuch der Arbeitsgestaltung und Arbeitsorganisation. Düsseldorf: VDI, 1980

[WALD 91]   Waldhier, T. ; Schmitt, R. ; Goebel, R.: Rechnerunterstützte Planung manueller Montagesysteme. AV 28 (1991) 4, S. 129-132

[WALL 90]   Waller, H. ; Reiff, S.: Videosomatographie - ein Hilfsmittel zur rationellen Gestaltung von Arbeitsplätzen. In: Zeitschrift für Arbeitswissenschaft 44 (16 NF) 1990/3, S. 179-183

[WALN 62]   Wallner, J.: Das MTM-System als Rationalisierungs- und Kalkulationsgrundlage. In: Technische Rundschau Nrn. 28, 35, 38, 40, 42 und 45/1962

[WOEN 92]   Woenckhaus, C.: Konzeption eines Systems zur automatischen 3D-Layoutoptimierung. In: Robotersysteme 8 (1992), S. 239-244

[WRBA 90]   Wrba, P.: Simulation als Werkzeug in der Handhabungstechnik. TU München, iwb, Forschungsberichte Band 25. Berlin: Springer, 1990

[ZUEL 87]   Zülch, G. ; Ernst, W.: Durchführung einer Arbeitsplatzgestaltung. 2. Aufl. Universität Karlsruhe, Institut für Arbeitswissenschaft und Betriebsorganisation, Umdruck zum Produktionstechnischen Labor (Pub.-Nr. 0047001), 1987

[ZUEL 92]   Zülch, G. ; Waldhier, T.: Integrated computer aided planning of manual assembly systems. In: Computer Applications in Ergonomics, Occupational Safety and Health. Amsterdam: North-Holland, 1992

[ZURM 84]   Zurmühl, R. ; Falk, S.: Matrizen und ihre Anwendungen. Teil 1: Grundlagen. 5. Aufl. Berlin: Springer, 1984

iwb Forschungsberichte

Berichte aus dem Institut für Werkzeugmaschinen und Betriebswissenschaften der Technischen Universität München

Herausgeber: Prof. Dr.-Ing. J. Milberg

---

1 Streifinger, E.
Beitrag zur Sicherung der Zuverlässigkeit und Verfügbarkeit moderner Fertigungsmittel
1986. 72 Abb. 167 Seiten, ISBN 3-540-16391-3 — 68,- DM

2 Fuchsberger, A.
Untersuchung der spanenden Bearbeitung von Knochen
1986. 90 Abb. 175 Seiten, ISBN 3-540-16392-1 — 68,- DM

3 Maier, C.
Montageautomatisierung am Beispiel des Schraubens mit Industrierobotern
1986. 77 Abb. 144 Seiten, ISBN 3-540-16393-X — 68,- DM

4 Summer, H.
Modell zur Berechnung verzweigter Antriebsstrukturen
1986. 74 Abb. 197 Seiten, ISBN 3-540-16394-8 — 68,- DM

5 Simon, W.
Elektrische Vorschubantriebe an NC-Systemen
1986. 141 Abb. 198 Seiten, ISBN 3-540-16693-9 — 68,- DM

6 Büchs, S.
Analytische Untersuchungen zur Technologie der Kugelbearbeitung
1986. 74 Abb. 173 Seiten, ISBN 3-540-16694-7 — 68,- DM

7 Hunzinger, I.
Schneiderodierte Oberflächen
1986. 79 Abb. 162 Seiten, ISBN 3-540-16695-5 — 68,- DM

8 Pilland, U.
Echtzeit-Kollisionsschutz an NC-Drehmaschinen
1986. 54 Abb. 127 Seiten, ISBN 3-540-17274-2 — 68,- DM

9 Barthelmeß, P.
Montagegerechtes Konstruieren durch die Integration von Produkt- und Montageprozeßgestaltung
1987. 70 Abb. 144 Seiten, ISBN 3-540-18120-2 — 68,- DM

10 Reithofer, N.
Nutzungssicherung von flexibel automatisierten Produktionsanlagen
1987. 84 Abb. 176 Seiten, ISBN 3-540-18440-6 — 68,- DM

11 Diess, H.
Rechnerunterstützte Entwicklung flexibel automatisierter Montageprozesse
1988. 56 Abb. 144 Seiten, ISBN 3-540-18799-5 — 73,- DM

12 Reinhart, G.
Flexible Automatisierung der Konstruktion
und Fertigung elektrischer Leitungssätze
1988, 112 Abb. 197 Seiten, ISBN 3-540-19003-1   73,- DM

13 Bürstner, H.
Investitionsentscheidung in der rechnerintegrierten Produktion
1988, 77 Abb. 190 Seiten, ISBN 3-540-19099-6   73,- DM

14 Groha, A.
Universelles Zellenrechnerkonzept für flexible Fertigungssysteme
1988, 74 Abb. 153 Seiten, ISBN 3-540-19182-8   73,- DM

15 Riese, K.
Klipsmontage mit Industrierobotern
1988, 92 Abb. 150 Seiten, ISBN 3-540-19183-6   73,- DM

16 Lutz, P.
Leitsysteme für rechnerintegrierte Auftragsabwicklung
1988, 44 Abb. 144 Seiten, ISBN 3-540-19260-3   73,- DM

17 Klippel, C.
Mobiler Roboter im Materialfluß eines flexiblen Fertigungssystems
1988, 86 Abb. 164 Seiten, ISBN 3-540-50468-0   73,- DM

18 Rascher, R.
Experimentelle Untersuchungen zur Technologie der Kugelherstellung
1989, 110 Abb. 200 Seiten, ISBN 3-540-51301-9   73,- DM

19 Heusler, H.-J.
Rechnerunterstützte Planung flexibler Montagesysteme
1989, 43 Abb. 154 Seiten, ISBN 3-540-51723-5   73,- DM

20 Kirchknopf, P.
Ermittlung modaler Parameter aus Übertragungsfrequenzgängen
1989, 57 Abb. 157 Seiten, ISBN 3-540-51724   73,- DM

21 Sauerer, Ch.
Beitrag für ein Zerspanprozeßmodell Metallbandsägen
1990, 89 Abb. 166 Seiten, ISBN 3-540-51868-1   78,- DM

22 Karstedt, K.
Positionsbestimmung von Objekten in der Montage-
und Fertigungsautomatisierung
1990, 92 Abb. 157 Seiten, ISBN 3-540-51879-7   78,- DM

23 Peiker, St.
Entwicklung eines integrierten NC-Planungssystems
1990, 66 Abb. 180 Seiten, ISBN 3-540-51880-0   78,- DM

24 Schugmann, R.
Nachgiebige Werkzeugaufhängungen für die automatische Montage
1990. 71 Abb. 155 Seiren, ISBN 3-540-52138-0   78,- DM

25 Wrba, P
Simulation als Werkzeug in der Handhabungstechnik
1990, 125 Abb., 178 Seiten, ISBN 3-540-52231-X   78,- DM

26 Eibelshäuser, P.
Rechnerunterstützte experimentelle Modalanalyse
mitells gestufter Sinusanregung
1990, 79 Abb., 156 Seiten, ISBN 3-540-52451-7   78,- DM

27 Prasch, J.
Computerunterstützte Planung von chirurgischen Eingriffen
in der Orthopädie
1990, 113 Abb., 164 Seiten, ISBN 3-540-52543-2   78,- DM

28 Teich, K.
Prozeßkommunikation und Rechnerverbund in der Produktion
1990, 52 Abb., 158 Seiten, ISBN 3-540-52764-8   78,- DM

29 Pfrang, W.
Rechnergestützte und graphische Planung manueller
und teilautomatisierter Arbeitsplätze
1990, 59 Abb., 153 Seiten, ISBN 3-540-52829-6   78,- DM

30 Tauber, A.
Modellbildung kinematischer Stukturen
als Komponente der Montageplanung
1990, 93 Abb., 190 Seiten, ISBN 3-540-52911-X   78,- DM

31 Jäger, A.
Systematische Planung komplexer Produktionssysteme
1991, 75 Abb., 148 Seiten, ISBN 3-540-53021-5   78,- DM

32 Hartberger, H.
Wissensbasierte Simulation komplexer Produktionssysteme
1991, 58 Abb., 154 Seiten, ISBN 3-540-53326-5   78,- DM

33 Tuczek H.
Inspektion von Karosseriepreßteilen auf Risse und Einschnürungen
mittels Methoden der Bildverarbeitung
1992, 125 Abb., 179 Seiten, ISBN 3-540-53965-4   88,- DM

34 Fischbacher, J.
Planungsstrategien zur strömungstechnischen Optimierung
von Reinraum-Fertigungsgeräten
1991, 60 Abb., 166 Seiten, ISBN 3-540-54027-X   78,- DM

35 Moser, O.
3D-Echtzeitkollisionsschutz für Drehmaschinen
1991, 66 Abb., 177 Seiten, ISBN 3-540-54076-8   78,- DM

36 Naber, H.
Aufbau und Einsatz eines mobilen Roboters mit
unabhängiger Lokomotions- und Manipulationskomponente
1991, 85 Abb., 139 Seiten, ISBN 3-540-54216-7   78,- DM

37 Kupec, Th.
Wissensbasiertes Leitsystem zur Steuerung flexibler Fertigungsanlagen
1991, 68 Abb., 150 Seiten, ISBN 3-540-54260-4   78,- DM

38 Maulhardt, U.
Dynamisches Verhalten von Kreissägen
1991, 109 Abb., 159 Seiten, ISBN 3-540-54365-1   78,– DM

39 Götz, R.
Stukturierte Planung flexibel automatisierter Montagesysteme
für flächige Bauteile
1991, 86 Abb., 201 Seiten, ISBN 3-540-54401-1   78,– DM

40 Koepfer, Th.
3D- grafisch-interaktive Arbeitsplanung – ein Ansatz
zur Aufhebung der Arbeitsteilung
1991, 74 Abb., 126 Seiten, ISBN 3-540-54436-4   78,– DM

41 Schmidt, M.
Konzeption und Einsatzplanung flexibel automatisierter
Montagesysteme
1992, 108 Abb., 168 Seiten, ISBN 3-540-55025-9   88,– DM

42 Burger, C.
Produktionsregelung mit entscheidungsunterstützenden
Informationssystemen
1992, 94 Abb., 186 Seiten, ISBN 5-540- 55187-5   88,– DM

43 Hoßmann, J.
Methodik zur Planung der automatischen Montage von nicht
formstabilen Bauteilen
1992, 73 Abb., 168 Seiten, ISBN 3-540-5520-0   88,– DM

44 Petry, M.
Systematik zur Entwicklung eines modularen Programm-
baukastens für robotergeführte Klebeprozesse
1992, 106 Abb., 139 Seiten ISBN 3-540-55374-6   88,– DM

45 Schönecker, W.
Integrierte Diagnose in Produktionszellen
1992, 87 Abb., 159 Seiten, ISBN 3-540-55375-4   88,– DM

46 Bick, W.
Systematische Planung hybrider Montagesyste unter
Berücksichtigung der Ermittlung des optimalen Automatisierungsgrades
1992, 70 Abb., 156 Seiten ISBN 3-540-55377-0   88,– DM

47 Gebauer, L.
Prozeßuntersuchungen zur automatisierten Montage
von optischen Linsen
1992, 84 Abb., 150 Seiten, ISBN 3-540- 55378-9   88,– DM

48 Schrüfer, N.
Erstellung eines 3D–Simulationssystems zur Reduzierung
von Rüstzeiten bei der NC–Bearbeitung
1992, 103 Abb., 161 Seiten, ISBN 3-540-55431-9   88,– DM

49 Wisbacher, J.
Methoden zur rationellen Automatisierung der Montage
von Schnellbefestigungselementen
1992, 77 Abb., 176 Seiten, ISBN 3-540-55512-9   88,– DM

50 Garnich. F.
Laserbearbeitung mit Robotern
1992, 110 Abb., 184 Seiten, ISBN 3-540- 55513-7   88,– DM

51 Eubert, P.
Digitale Zustandsregelung elektrischer Vorschubantriebe
1992, 89 Abb., 159 Seiten, ISBN 3-540-44441-2   88,- DM

52 Glaas, W.
Rechnerintegrierte Kabelsatzfertigung
1992, 67 Abb., 140 Seiten, ISBN 3-540-55749-0   88,- DM

53 Helml, H.J.
Ein Verfahren zur on-line Fehlererkennung und Diagnose
1992, 60 Abb., 153 Seiten, ISBN 3-540-55750-4   88,- DM

54 Lang, Ch.
Wissensbasierte Unterstützung der Verfügbarkeitsplanung
1992, 75 Abb., 150 Seiten, ISBN 3-540-55751-2   88,- DM

55 Schuster, G.
Rechnergestütztes Planungssystem für die flexibel
automatisierte Montage
1992, 67 Abb., 135 Seiten, ISBN 3-540-55830-6   88,- DM

56 Bomm, H.
Ein Ziel- und Kennzahlensystem zum Investitionscontrolling
komplexer Produktionssysteme
1992, 87 Abb., 195 Seiten, ISBN 3-540-55964-7   88,- DM

57 Wendt, A.
Qualitätssicherung in flexibel automatisierten Montagesystemen
1992, 74 Abb., 179 Seiten, ISBN 3-540-56044-0   88,- DM

58 Hansmaier, H.
Rechnergestütztes Verfahren zur Geräuschminderung
1993, 67 Abb., 156 Seiten, ISBN 3-540-56043-2   88,- DM

59 Dilling, U.
Planung von Fertigungssystemen unterstützt
durch Wirtschaftlichkeitssimulation
1993, 72 Abb., 146 Seiten, ISBN 3-540-56307-5   88,- DM

60 Strohmayr, R.
Rechnergestützte Auswahl und Konfiguration
von Zubringeeinrichtungen
1993, 80 Abb., 152 Seiten, ISBN 3-540-56652-X   88,- DM

61 Glas, J.
Standardisierter Aufbau anwendungsspezifischer
Zellenrechnersoftware
1993, 80 Abb., 145 Seiten, ISBN 3-540-56890-5   88,- DM

62 Stetter, R.
Rechnergestützte Simulationswerkzeuge zur
Effizienzsteigerung des Industrierobotereinsatzes
1994, 91 Abb., 146 Seiten, ISBN 3-540-568891   88,- DM

63 Dirndorfer, A.
Robotersysteme zur förderbandsynchronen Montage
1993, 76 Abb, 144 Seiten, ISBN 3-540-57031-4   88,- DM

64 Wiedemann, M.
Simulation des Schwingungsverhaltens spanender Werkzeugmaschinen
1993, 81 Abb., 137 Seiten, ISBN 3-540-57177-9   88,- DM

65 Woenckhaus, Ch.
Rechnergestütztes System zur automatisierten 3D-Layoutoptimierung
1994, 81 Abb., 140 Seiten,ISBN 3540-57284-8   88,– DM

66 Kummetsteiner, G.
3D-Bewegungssimulation als integratives Hilfsmittel zur Planung
manueller Montagesysteme
1994, 62 Abb.; 146 Seiten, ISBN 3-540-57535-9   88,– DM

67 Kugelmann, F.
Einsatz nachgiebiger Elemente zur wirtschaftlichen Automatisierung
von Produktionssystemen
1993, 76 Abb., 144 Seiten, ISBN 3-540-57549-9   88,– DM

68 Schwarz, H.
Simulationsgestützte CAD/CAM-Kopplung für die 3D-Laserbearbeitung
mit integrierter Sensorik
1994, 96 Abb., 148 Seiten, ISBN 3-540-57577-4   88,– DM

Die Bände sind im Erscheinungsjahr und in den Folgenden drei Kalenderjahren
zu beziehen durch den örtlichen Buchhandel
oder durch Lange & Springer, Otte-Suhr-Allee 26-28, 10585 Berlin